小昆蟲

大舞臺

獨特觀察角度的昆蟲圖鑑

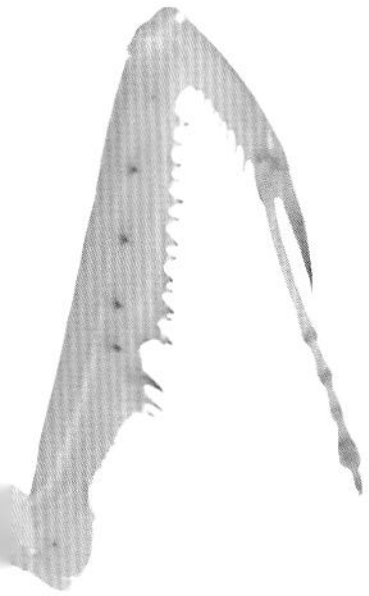

攝影・文字／森上信夫
翻譯／黃悠然

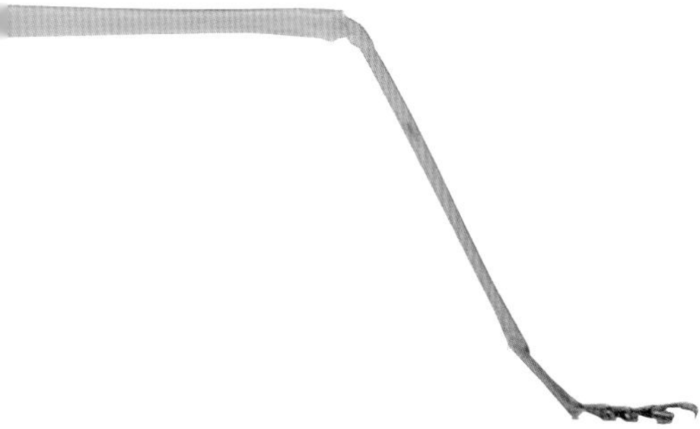

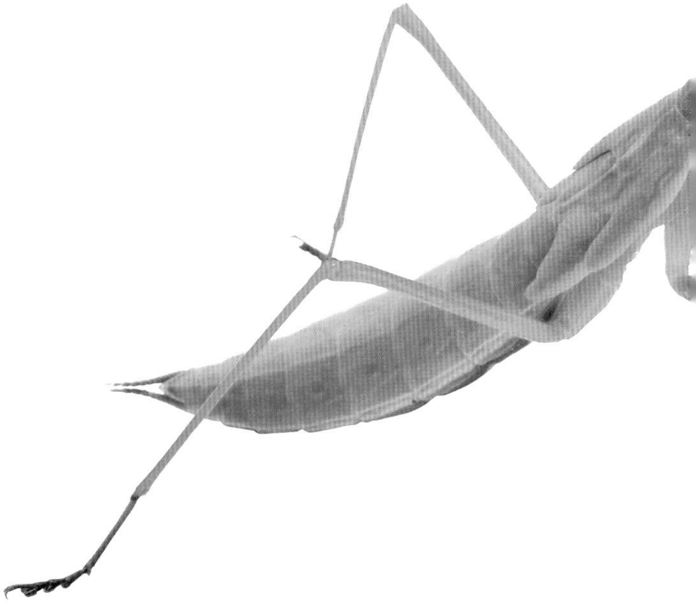

Little Bear Books

歡迎光臨

讓昆蟲們站在白紙上，就能觀察到牠們不為人知的小動作哦！

有時像在跳舞，有時會擺出帥氣的變身姿勢，甚至還有馬戲團表演般的特技動作，這些可愛的小昆蟲們，正在森林中上演著熱鬧逗趣的舞臺劇，讓我們從樹葉縫隙間亮起聚光燈，在這個森林中的特別舞臺上好好欣賞牠們的表演吧！

目次

歡迎光臨 ……………………………… 2

舞蹈達人集合

威風凜凜的大螳螂 ……………… 4

變身王牛虻 ……………………… 6

踢躂舞王大虎頭蜂 ……………… 8

努力與歡笑的故事

心跳加速的初登場 ……………… 10

突發的緊急事件 ………………… 12

用翅膀來個風車轉 ……………… 14

毛毛蟲⊗毛毛蟲 ………………… 16

脫掉、脫掉，還要脫幾次？…… 18

表演要開始嘍！

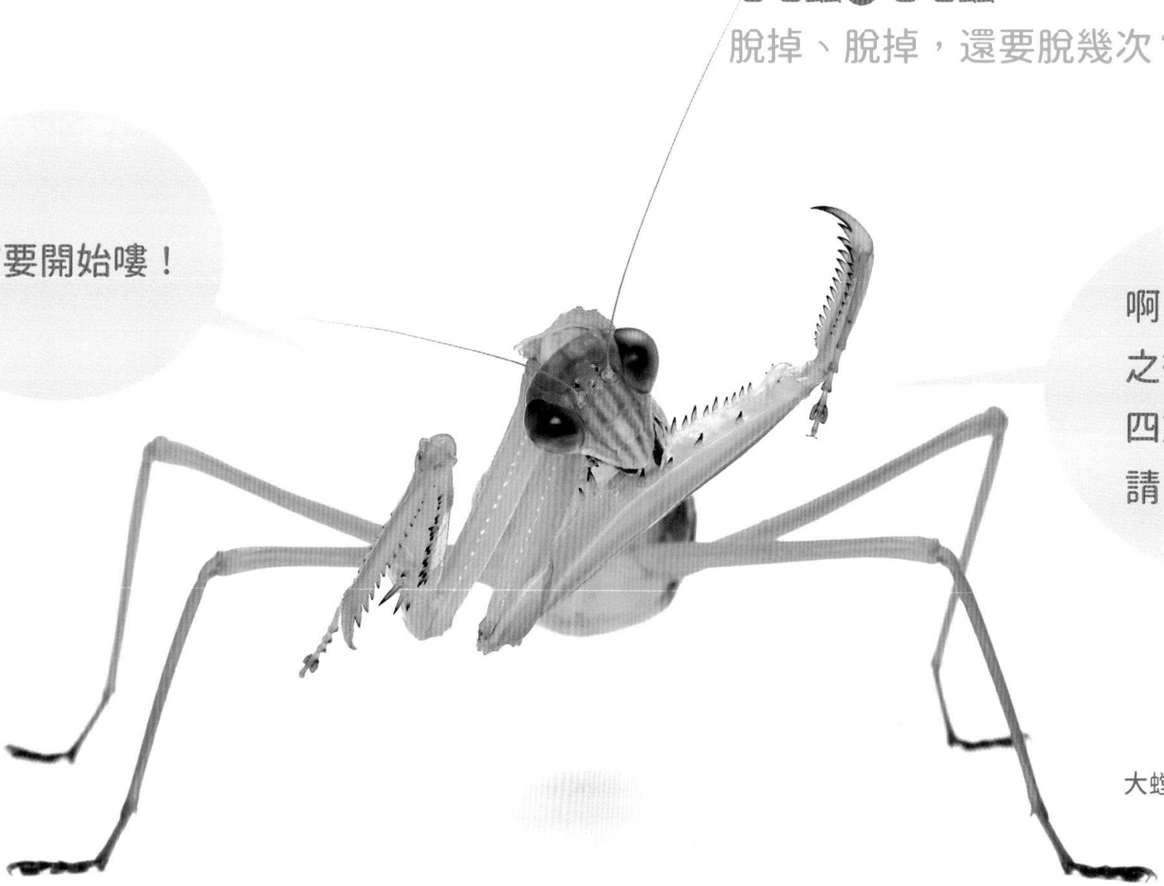

啊！該出場了。
之後請右邊的彎臂四節蜉蝣繼續主持，
請多指教！

大螳螂

明星登場

與眾不同 …… 20
天生的巨星 …… 22
世界第一的長鼻子 …… 24
長腳蜂和螻蛄的饒舌對決 …… 26
主角是我才對！ …… 28

昆蟲正面秀

個個是美男子 …… 30
一臉愛耍寶 …… 32
奇妙的角色 …… 34
凶神惡煞 …… 36

全力以赴的搞笑絕活

在搞笑嗎？ …… 38
嚇一跳！ …… 40
會笑的屁股 …… 42
充滿彈力的大便秀 …… 44
猜猜我是誰？ …… 46
外星人？ …… 48
搭乘魔毯在水中遨翔吧！ …… 52

小昆蟲，安可！ …… 54

辛苦了！ …… 60

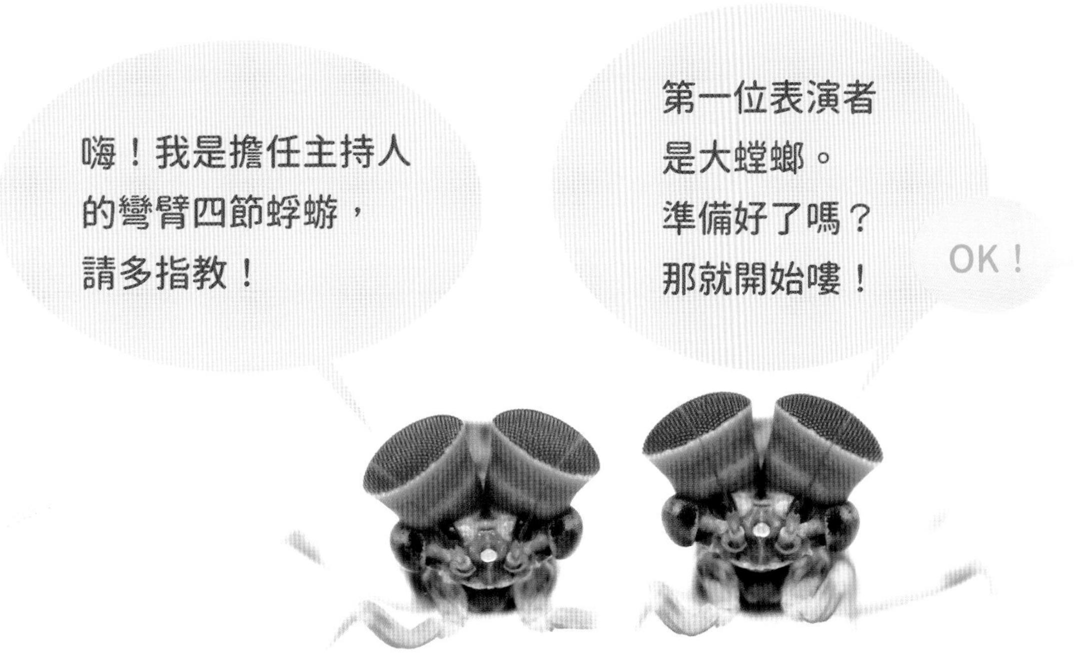

嗨！我是擔任主持人
的彎臂四節蜉蝣，
請多指教！
第一位表演者
是大螳螂。
準備好了嗎？
那就開始嘍！
OK！

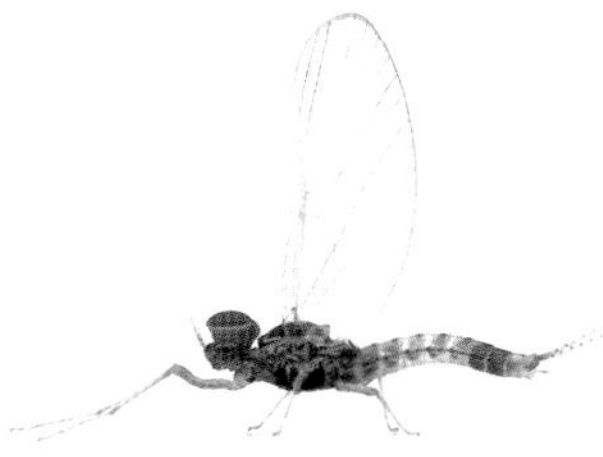

彎臂四節蜉蝣

威風凜凜的大螳螂

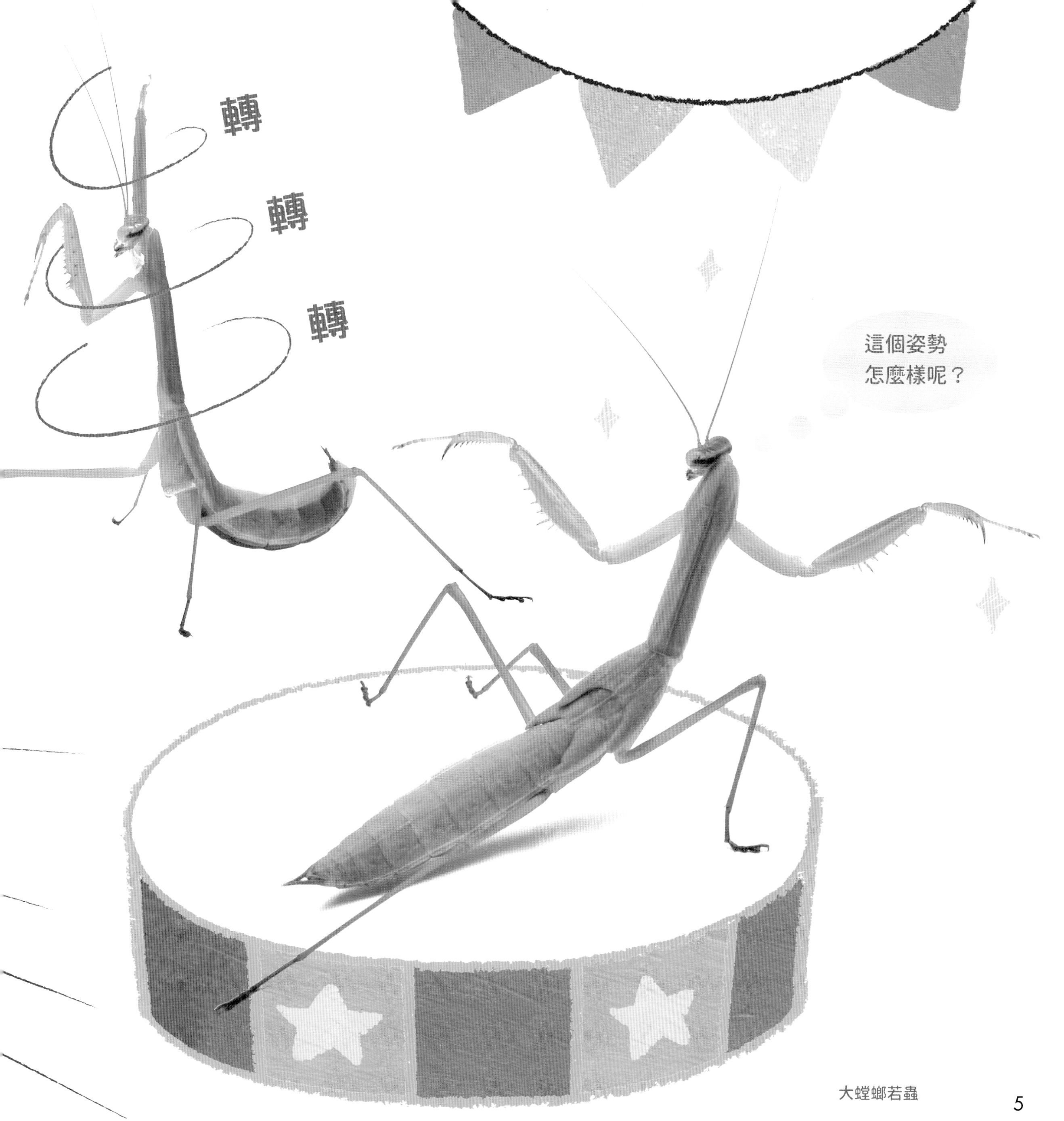

大螳螂若蟲

變身王牛虻

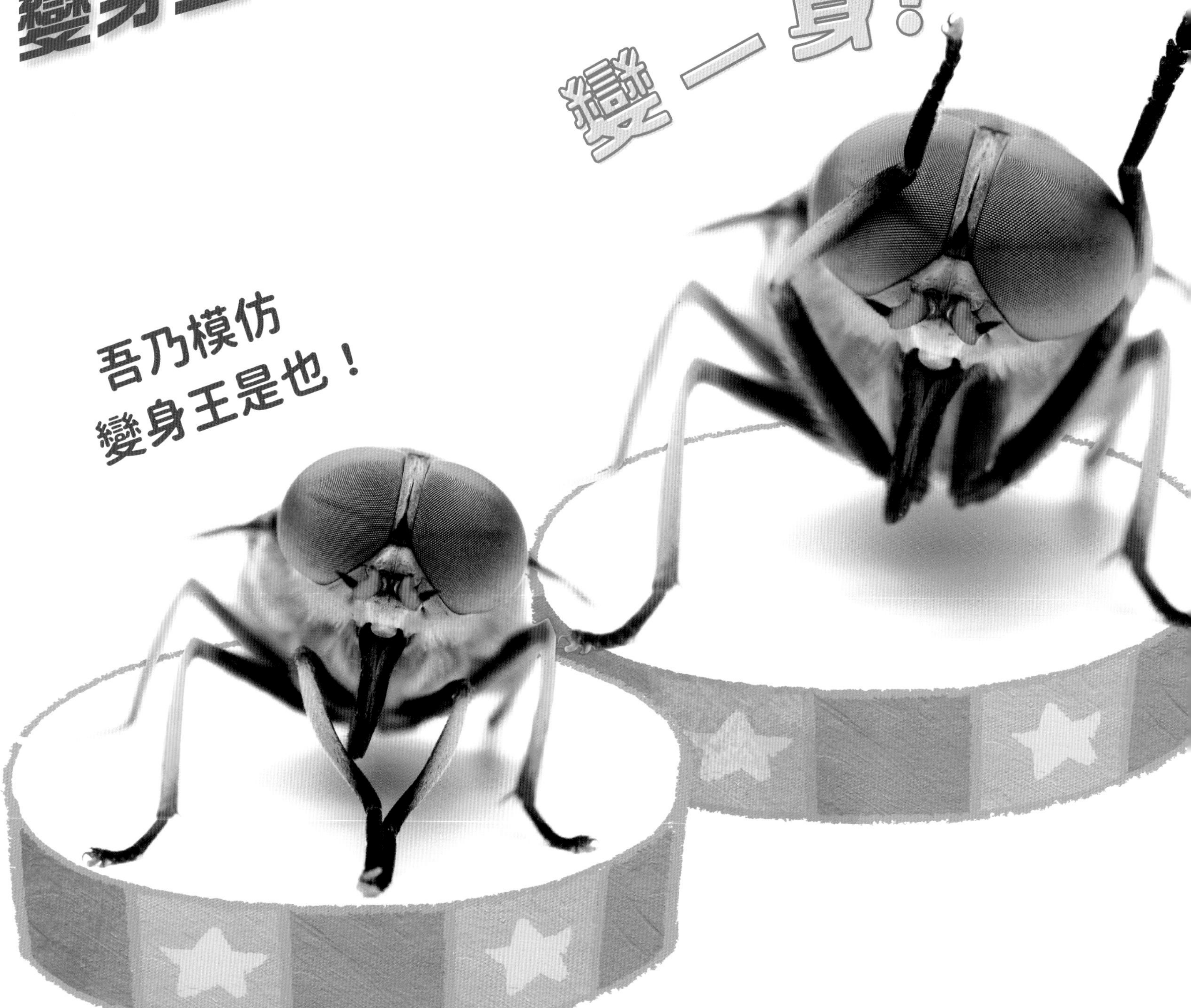

變身！
變身！
哎呀，要做什麼動作才帥氣？
我表現得如何呢？

踢躂舞王大虎頭蜂

中華大虎頭蜂

噹——
好累啊……

心跳加速的

第二幕即將開始！
請看各種昆蟲們努力
與歡笑的故事吧！

咦？已經開演了嗎？

啪擦！

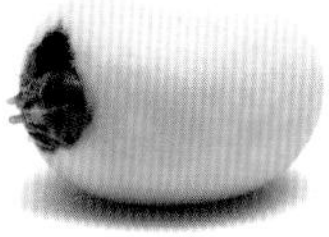

探頭

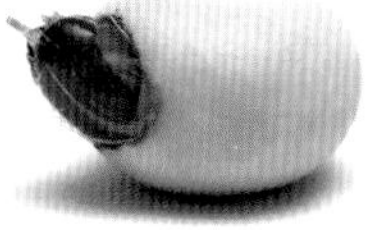

！

哇！竟然是臉朝上
的登場……

嘿喲！就差一點了。

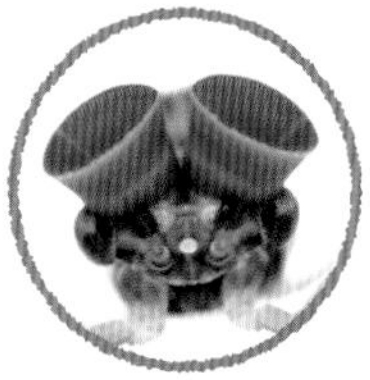

加油啊，蟲寶寶！

嘿喲、嘿喲！

大透目天蠶蛾幼蟲

初登場

大透目天蠶蛾

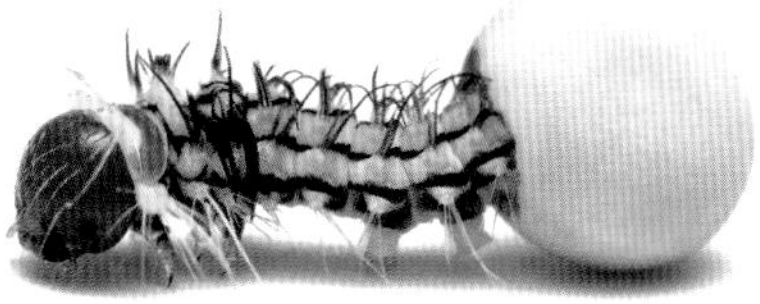

掙脫蛋殼了嗎？

糟糕！現在是屁股卡住了。

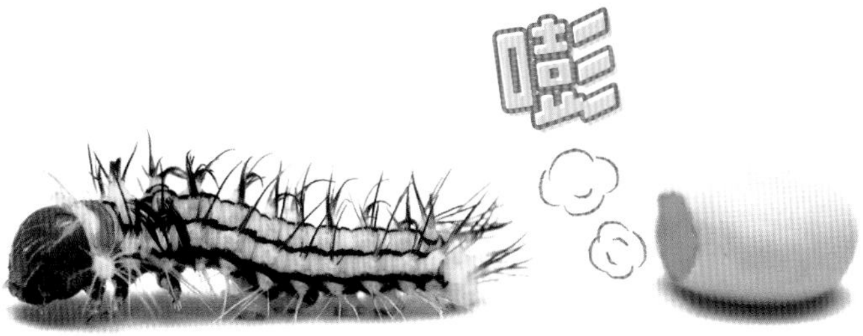

終於成功脫困啦！

出來嘍！

大、成、功！

啪啪 啪啪 啪啪 啪啪

突發的

瓜黑斑瓢蟲幼蟲

大家好！
接著要為各位帶來的是
刺刺之舞。

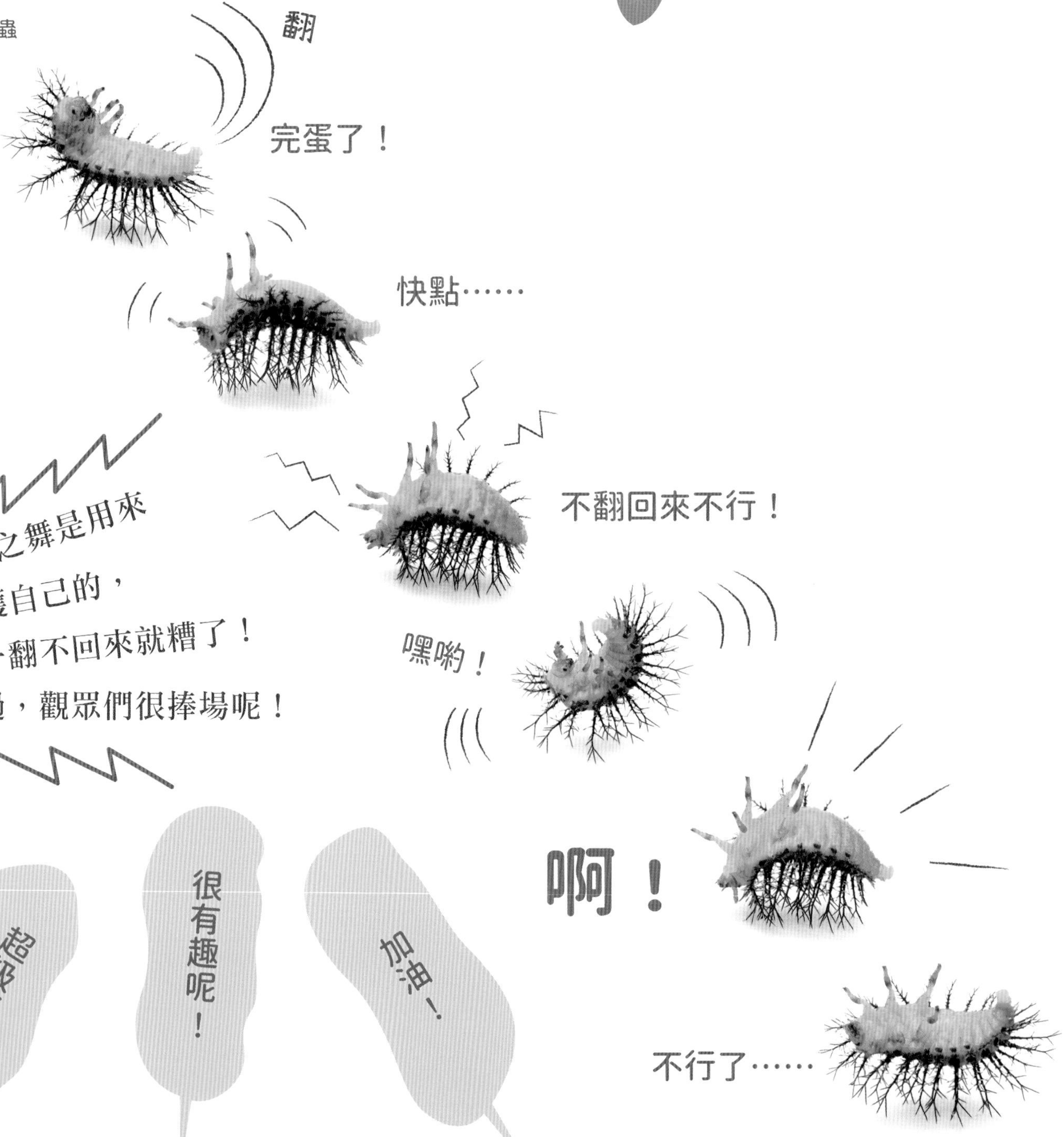

刺刺之舞是用來
保護自己的，
萬一翻不回來就糟了！
不過，觀眾們很捧場呢！

超級可愛！

很有趣呢！

加油！

緊急事件

長大之後就
沒有刺了哦！

瓜黑斑瓢蟲

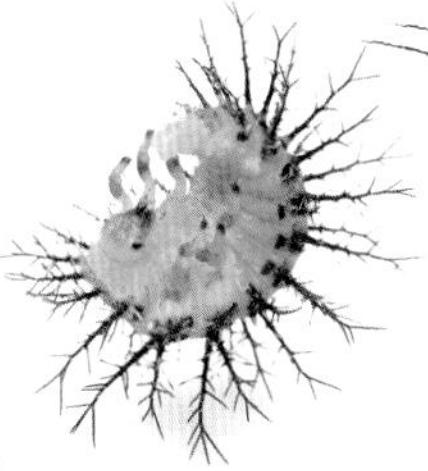

再來一次……

嘿喲！

扭 扭

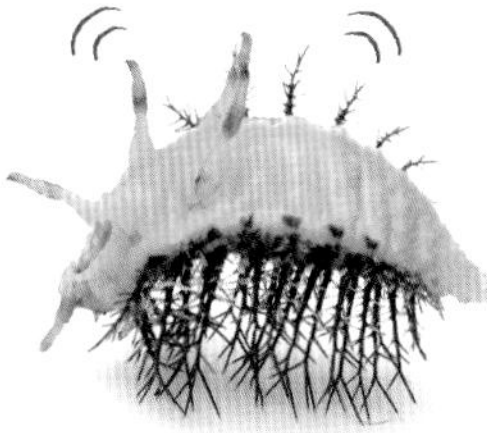

扭 扭

咦？

雖然舞沒有跳成功，
但觀眾的反應很熱烈，
所以也不錯啦！

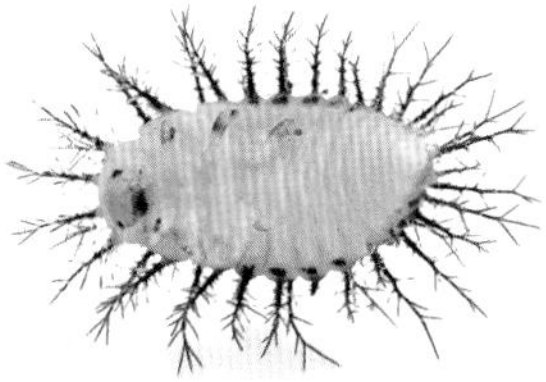

拍拍啪啪 啪啪 啪啪 啪啪 啪啪 啪啪 啪啪 啪啪 啪啪

呼……

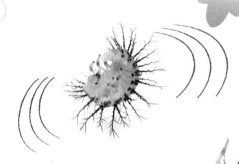

用翅膀來個風車轉

仔細看著翅膀哦！

咦？這隻蟲
也六腳朝天了呢！

七星瓢蟲

仔細看好，
否則特技會在眨眼間
就結束嘍！

啪
再見！
嗡嗡！
雖然完美落地，
可是掌聲卻比上一
頁登場的瓜黑斑瓢
蟲少，為什麼？
啪啪
啪啪
啪啪

毛毛蟲×毛毛蟲

巨星尺蛾幼蟲

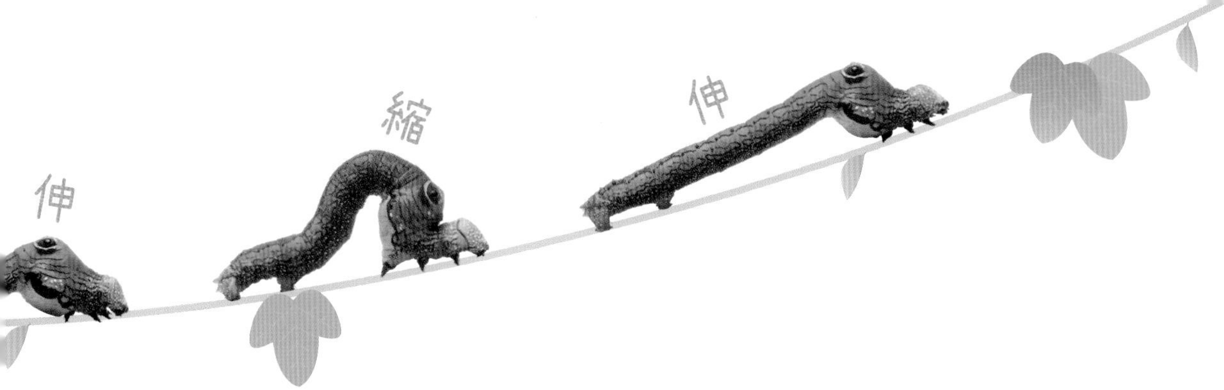

巨星尺蛾

嗯！還是不要吵架好了。

就是說嘛……

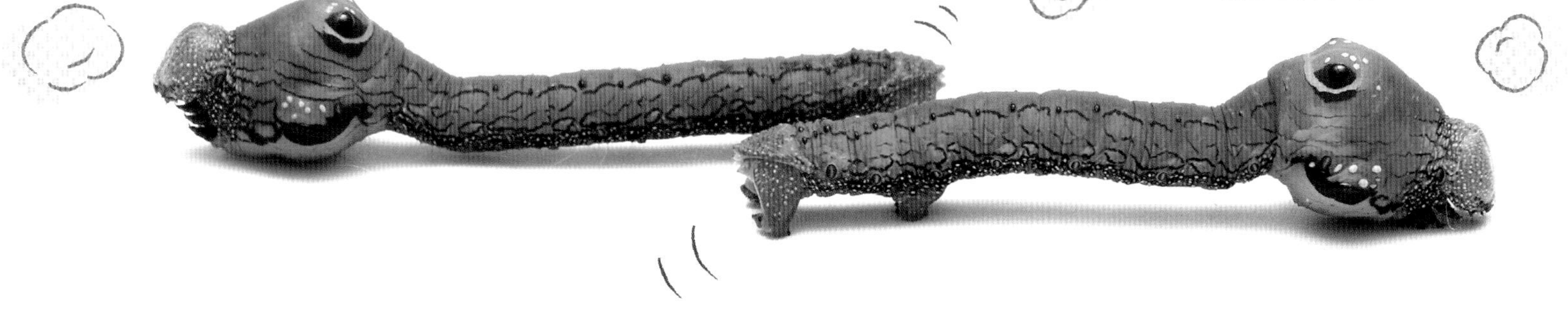

脫掉、脫掉，還要脫幾次？

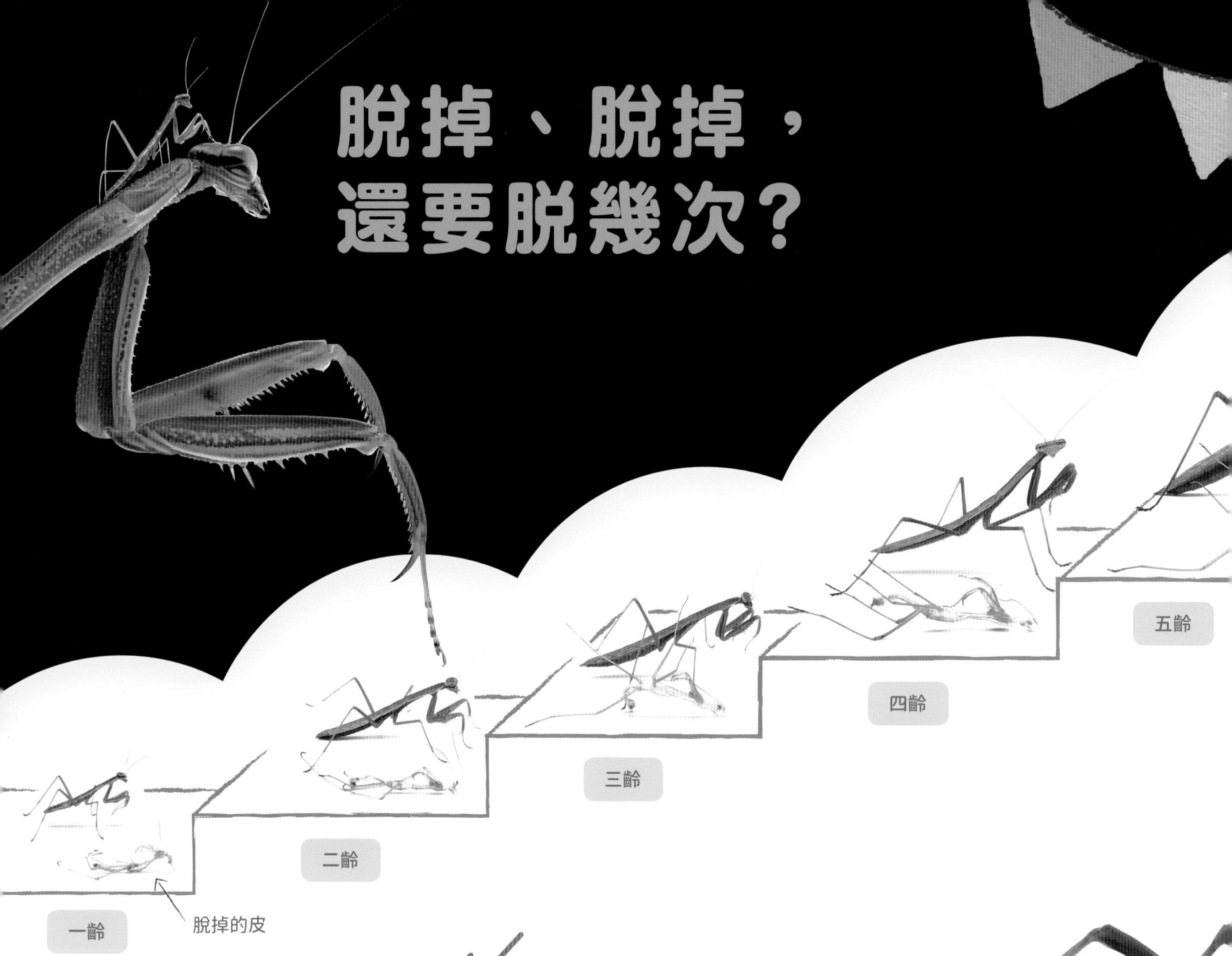

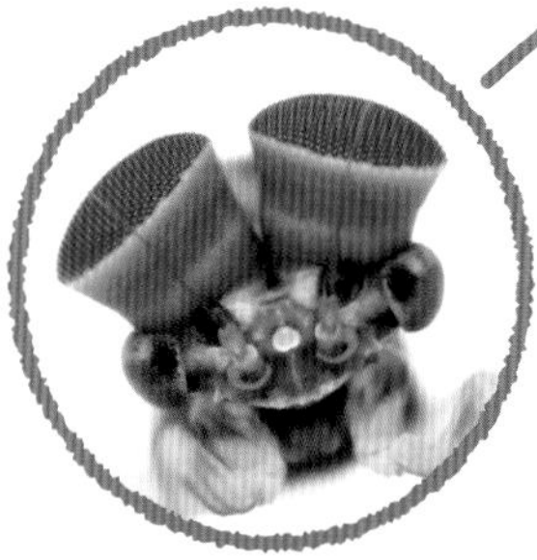

只要四個月
就長成大人了！

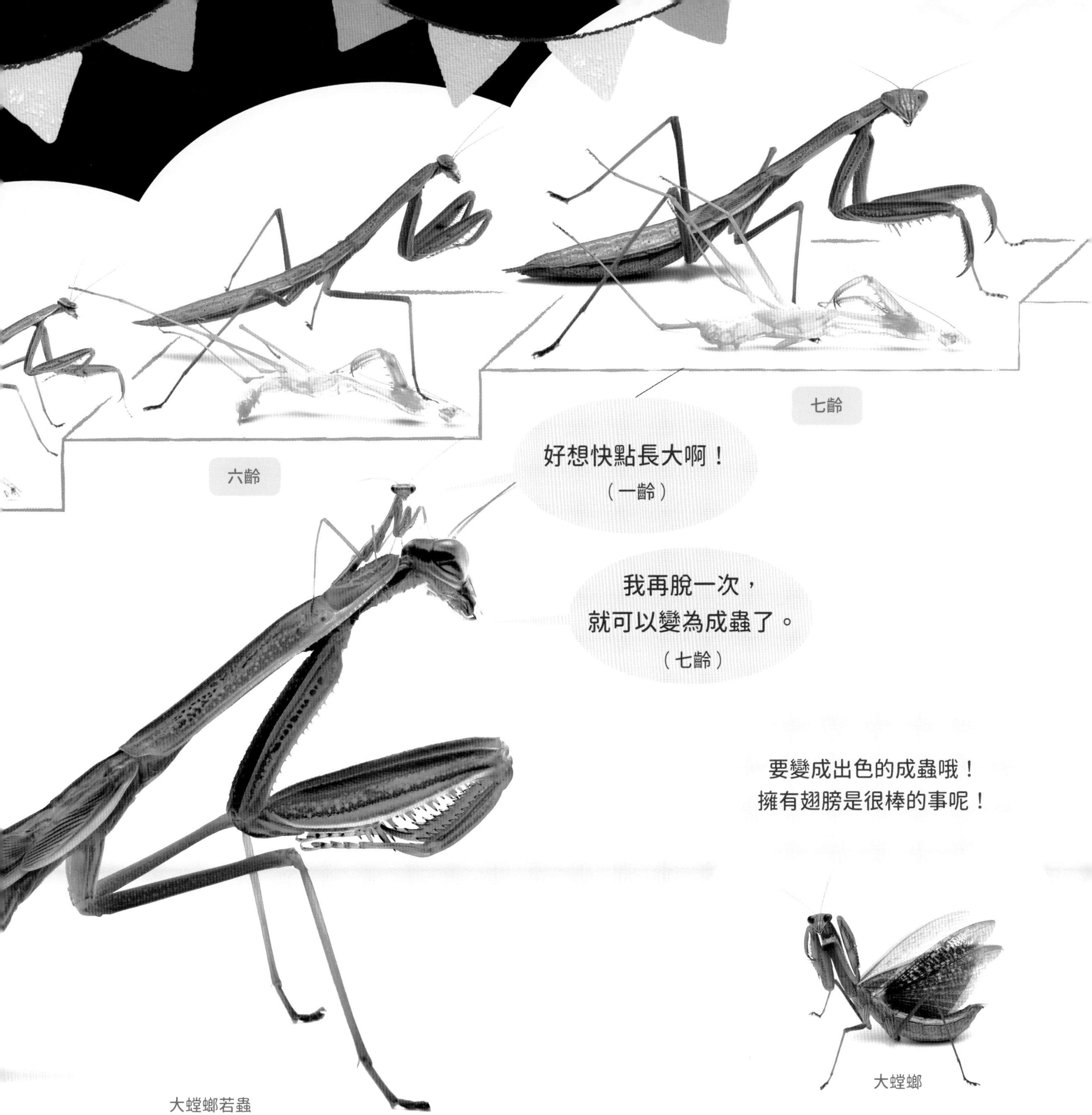
七齡
六齡
好想快點長大啊！
（一齡）
我再脫一次，
就可以變為成蟲了。
（七齡）
要變成出色的成蟲哦！
擁有翅膀是很棒的事呢！

大螳螂若蟲

大螳螂

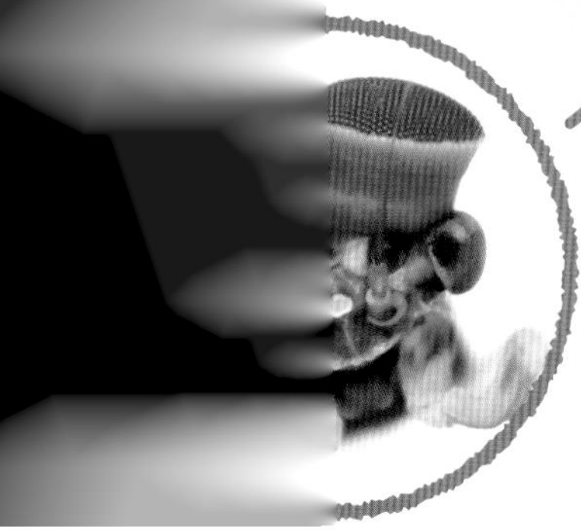

現在開始是第三幕，
明星們將陸續登場嘍！

與眾

綠弄蝶

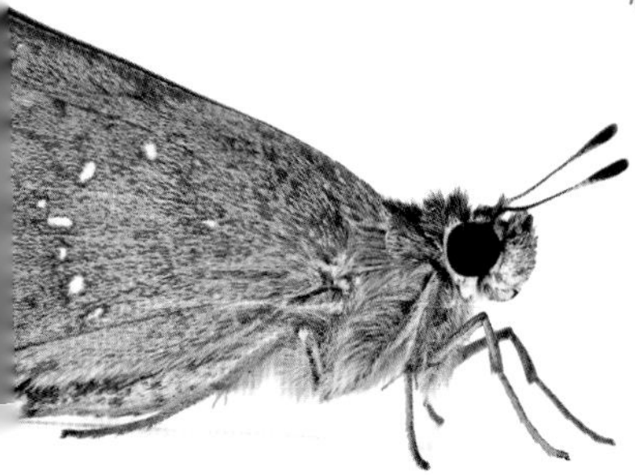
褐弄蝶

我們弄蝶大多數都很樸素，
所以很驕傲同類裡能有這位
大明星！

透紋孔弄蝶

深山褐弄蝶

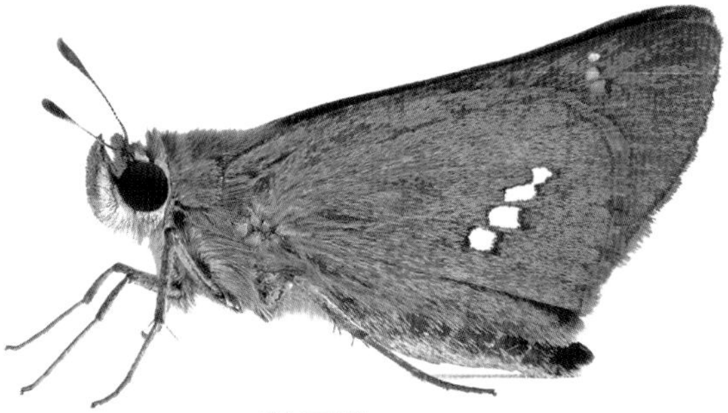
稻弄蝶

不同

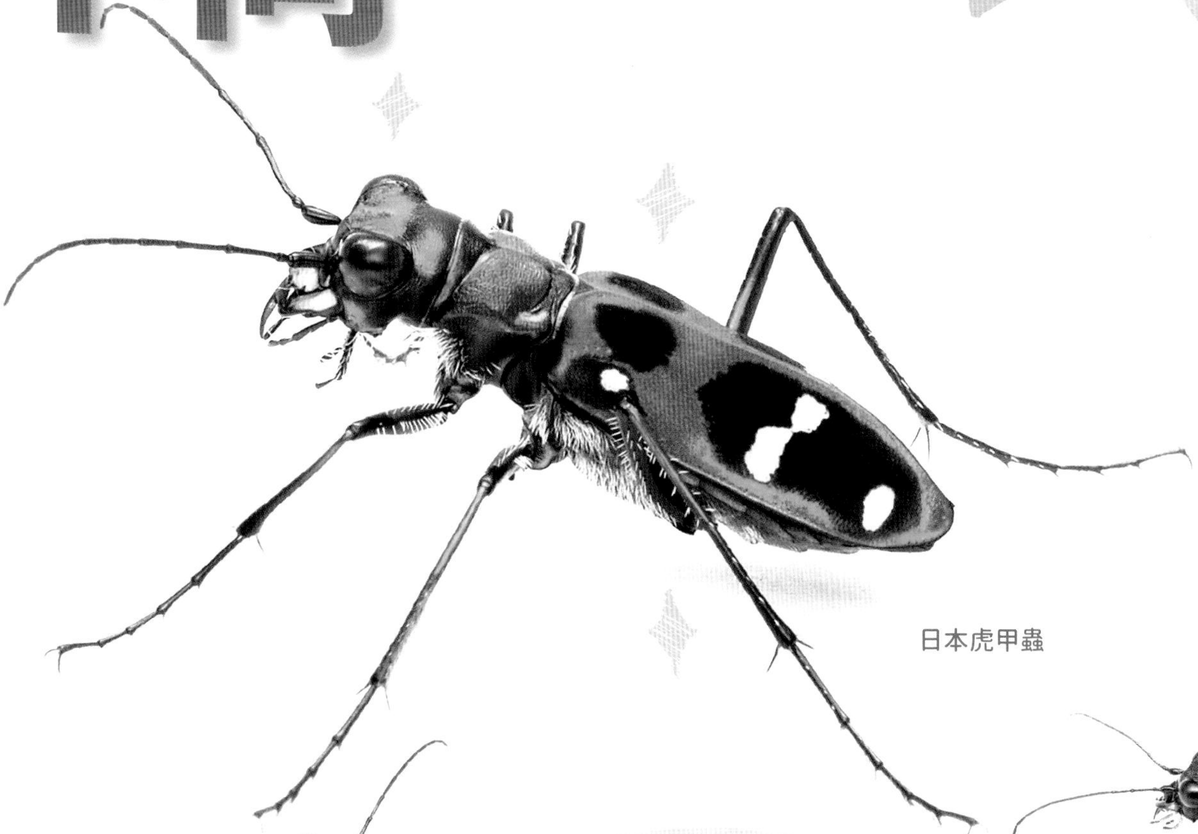

日本虎甲蟲

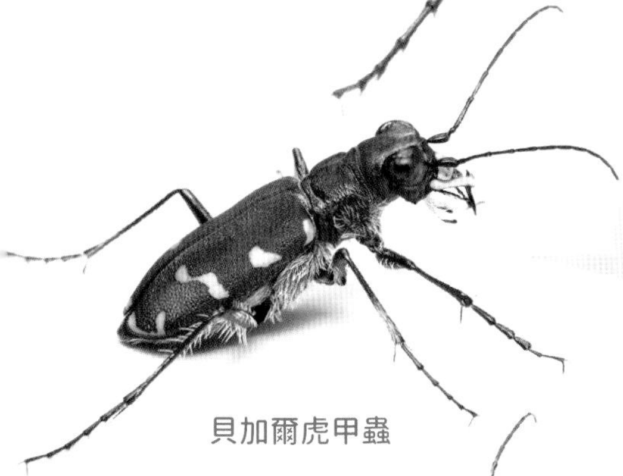

貝加爾虎甲蟲

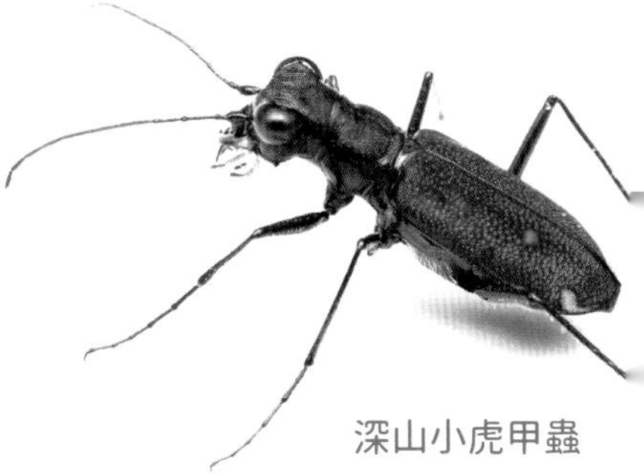

深山小虎甲蟲

樸實的虎甲蟲中
也有耀眼明星。

請好好表現哦！

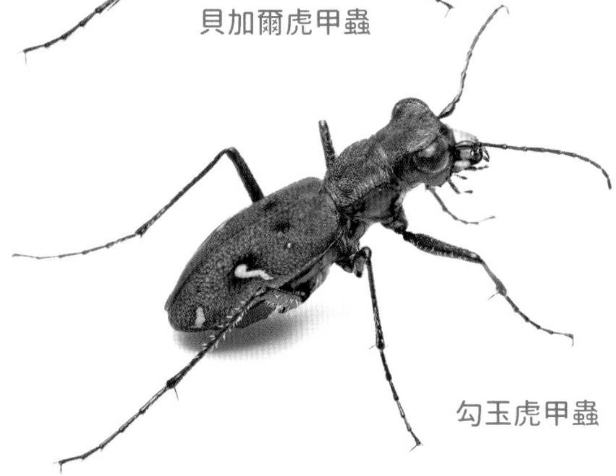

勾玉虎甲蟲

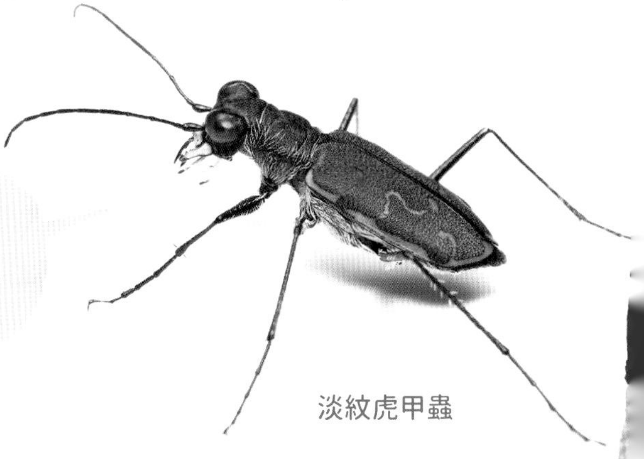

淡紋虎甲蟲

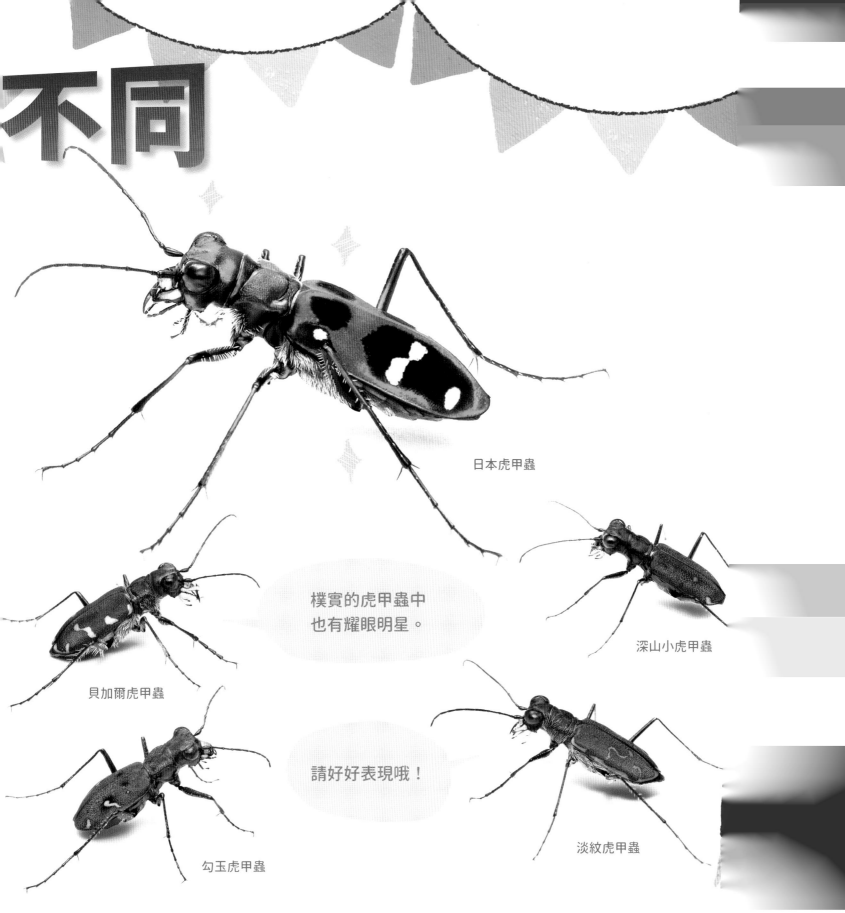

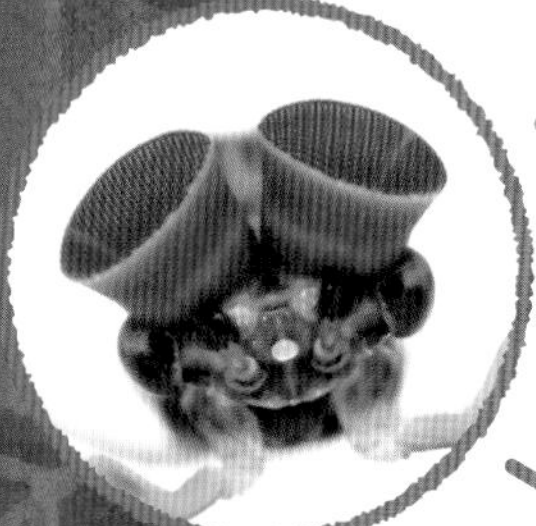

閃亮的昆蟲們耀眼登場，
讓你無法忽視牠的存在！

天生的

拉維斯氏寬盾椿

黑翅蜻蜓

雪國小琉璃鍬形蟲

大青雪隱金龜

沖繩金盾背椿象

細虹艷擬步行蟲

上海青蜂

巨星

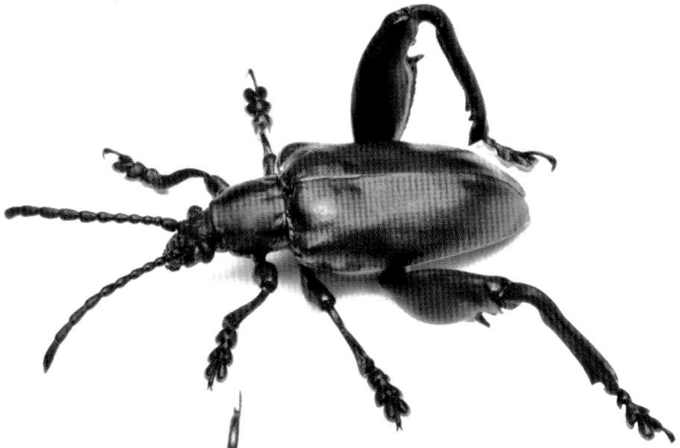
琉璃粗腿金花蟲

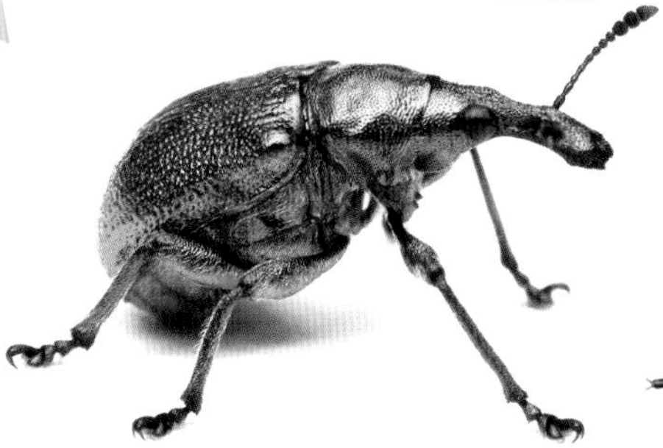
遼楊捲葉鋸齒象鼻蟲

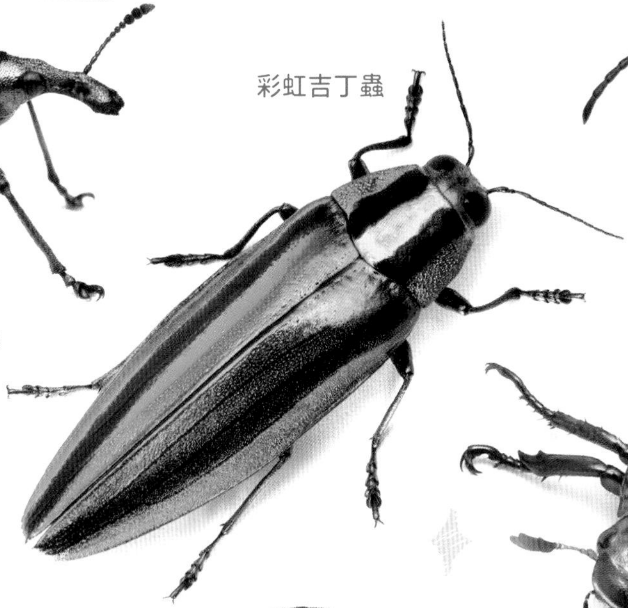
彩虹吉丁蟲

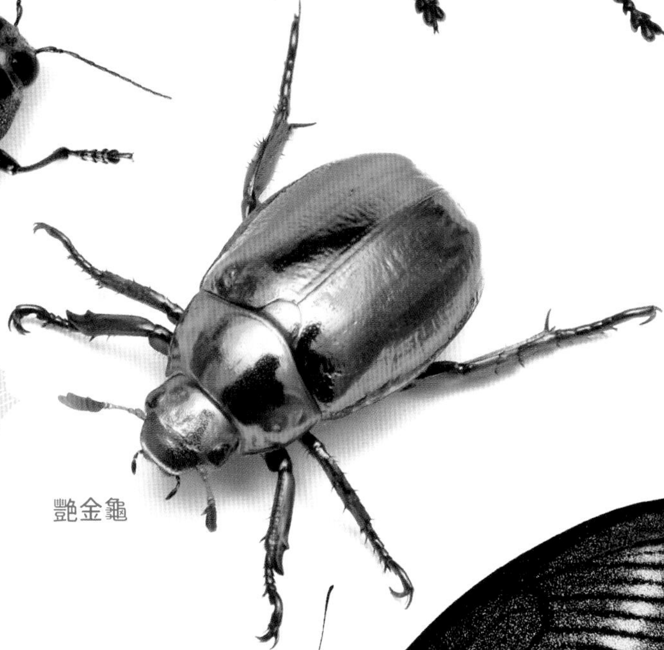
艷金龜

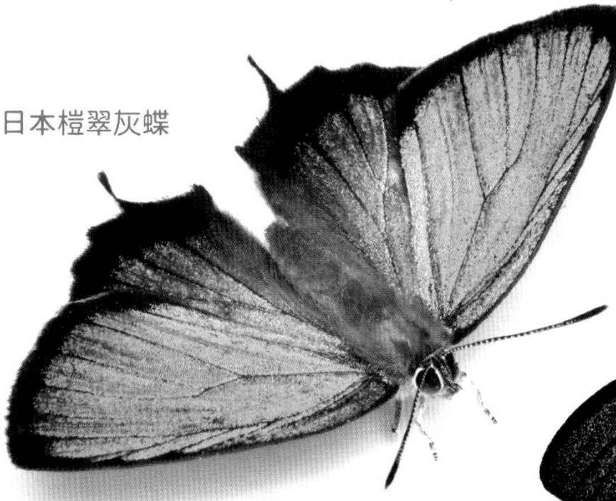
日本榿翠灰蝶

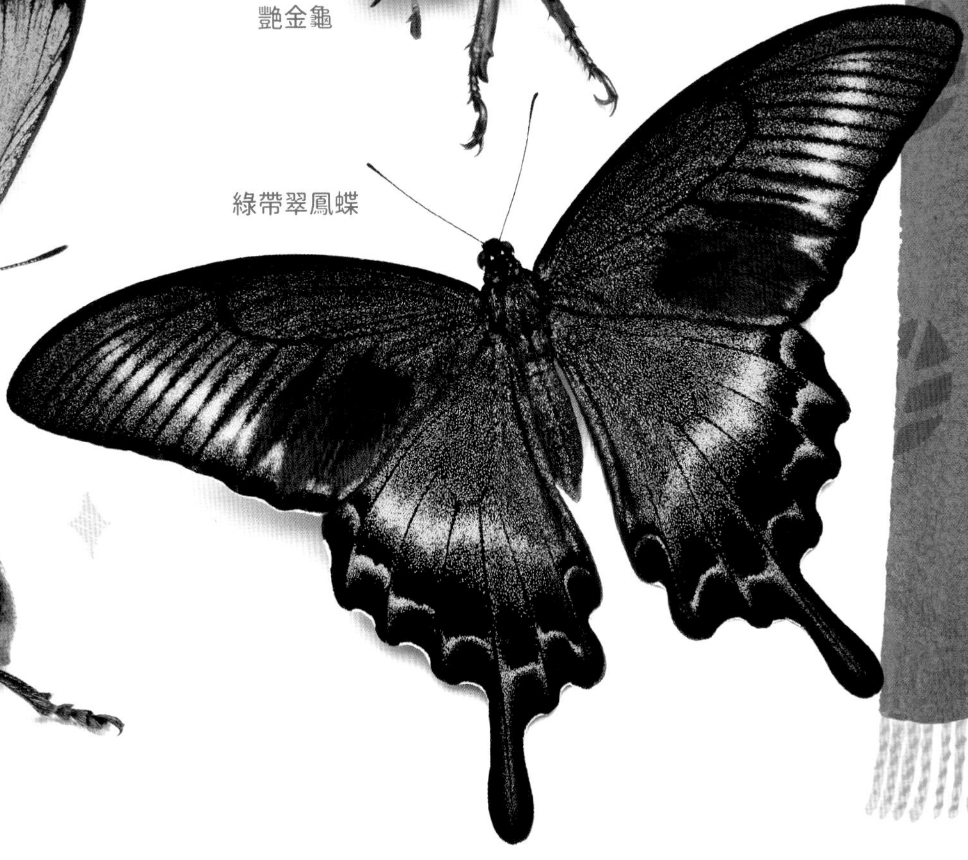
綠帶翠鳳蝶

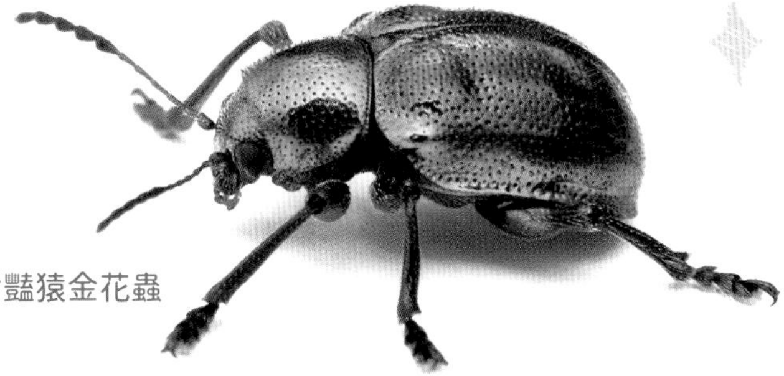
紅背豔猿金花蟲

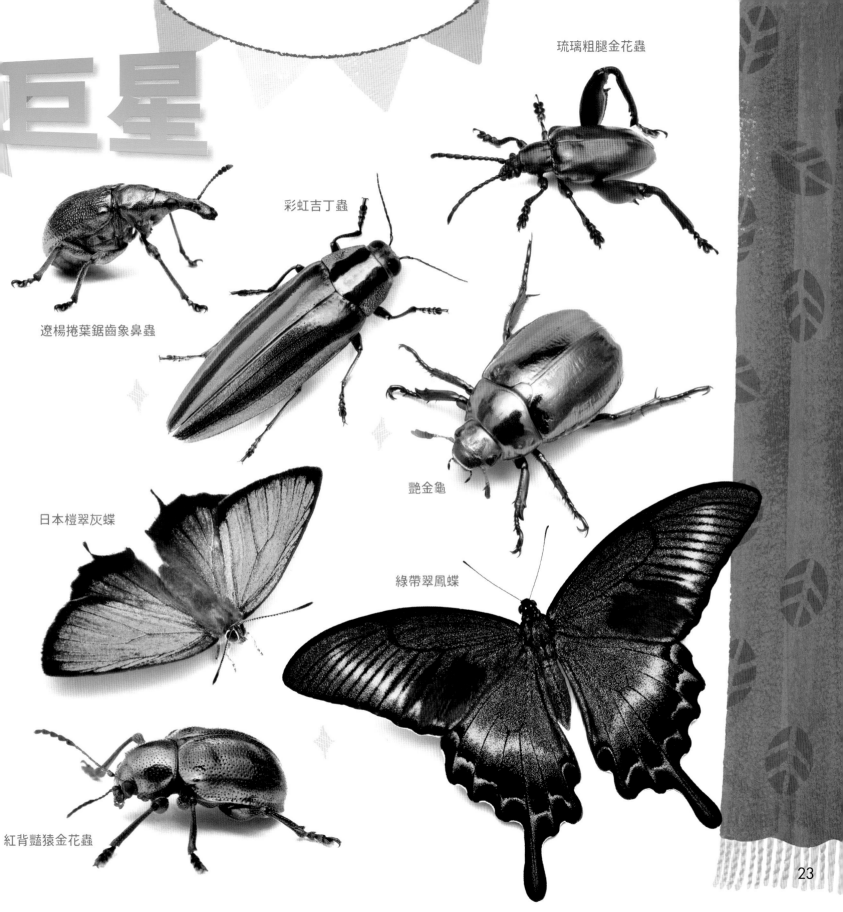

世界第一

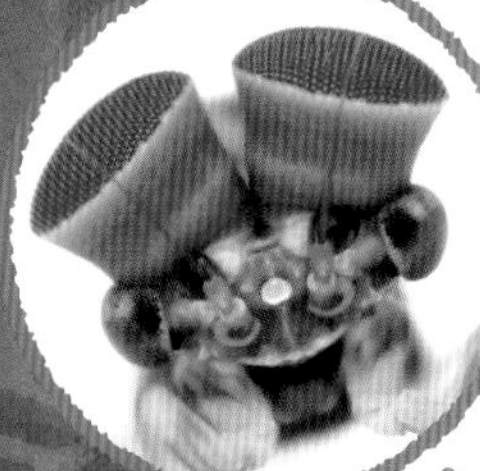

驚喜加演！
象鼻蟲中的世界冠軍
特地從南國趕來較勁！

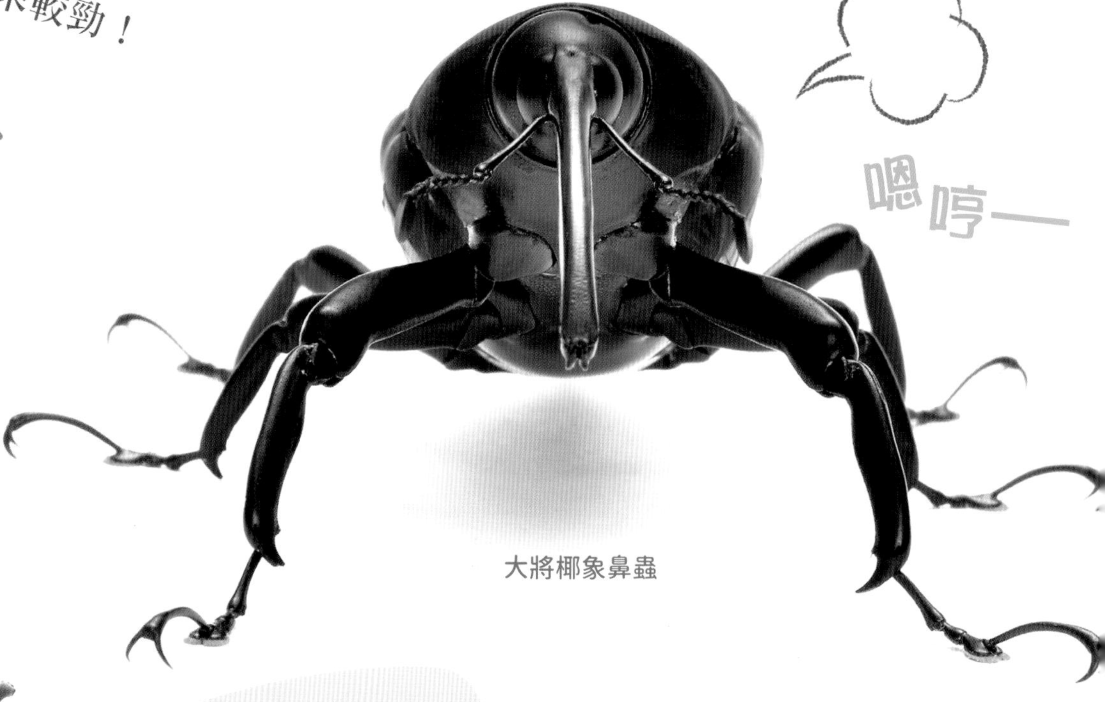

大將椰象鼻蟲

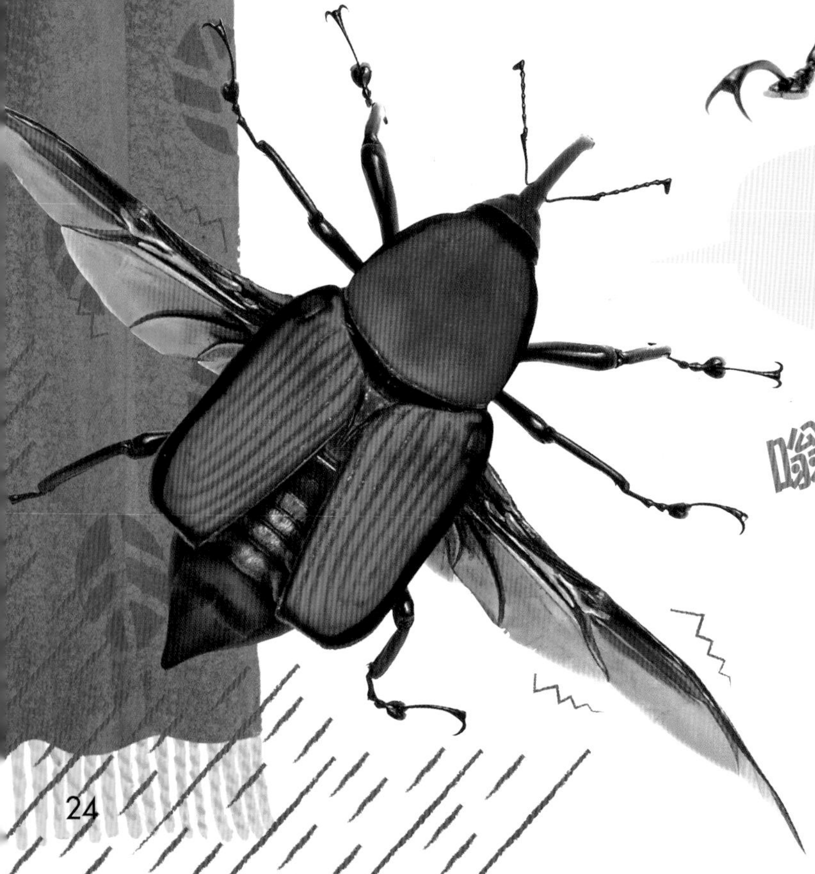

啊！

第一次看到！

比獨角仙還大吔！

好大！

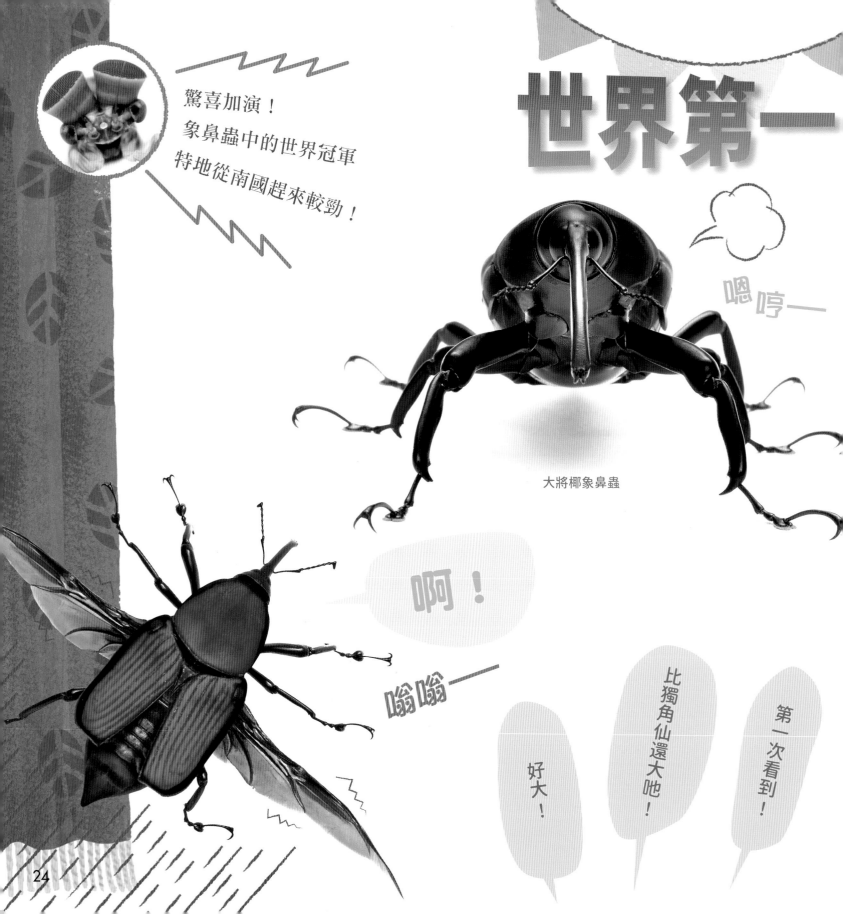

的長鼻子

啪啪

再見！

好大……

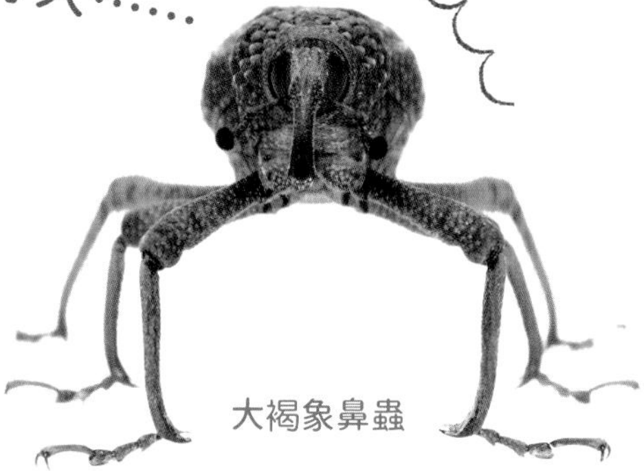

大褐象鼻蟲

你就是日本最大的象鼻蟲嗎？

世界最大的象鼻蟲
8公分

是、是啊……

日本最大的象鼻蟲
2.9公分

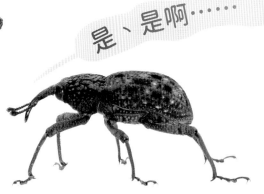

長腳蜂和饒舌

YO YO 暗黃的王國裡，
膽小鬼可不能來，
快回家去吧！
螻蛄小鬼，
我尾巴的針可不是裝飾唷！

螻蛄的對決

螻——螻、螻蛄，
我乃是螻蛄大爺，
飛行、鑽地、
跑步、游泳都在行，
暗黃小子 YO，
別小看我。咿呀！

主角是

我才對！
主角是最常被誇獎的我才對！
稻弄蝶

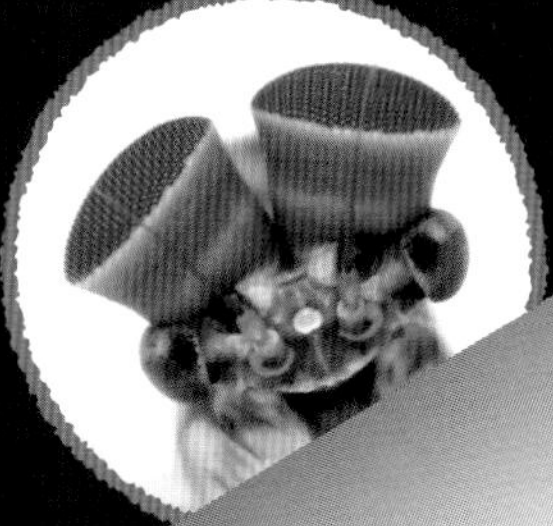

現在開始是充滿魅力的昆蟲正面秀，
選出自己最喜歡的昆蟲吧！

個個是

1

威風凜凜

2

迷倒眾生的眼神！

3

4

5

好帥！

6

1 脛狹螢金花蟲

2 無紋異腹胡蜂

3 大透翅天蛾

4 日本螳蛉

5 日本羚椿象

6 石蠶蛾

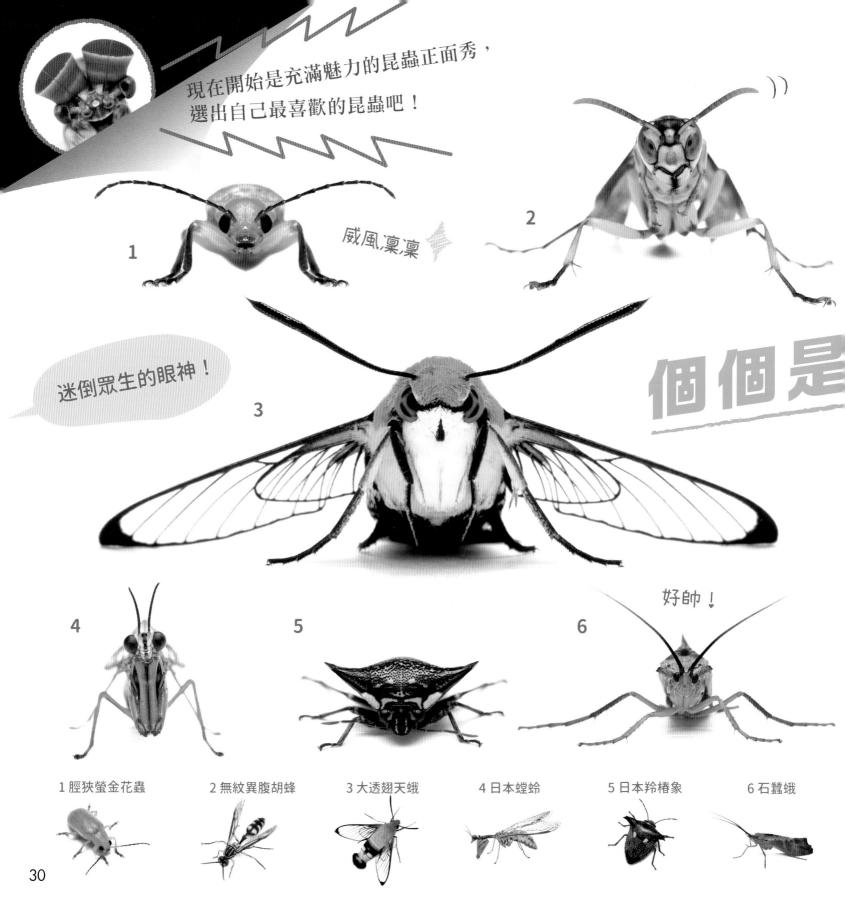

7

危險的視線

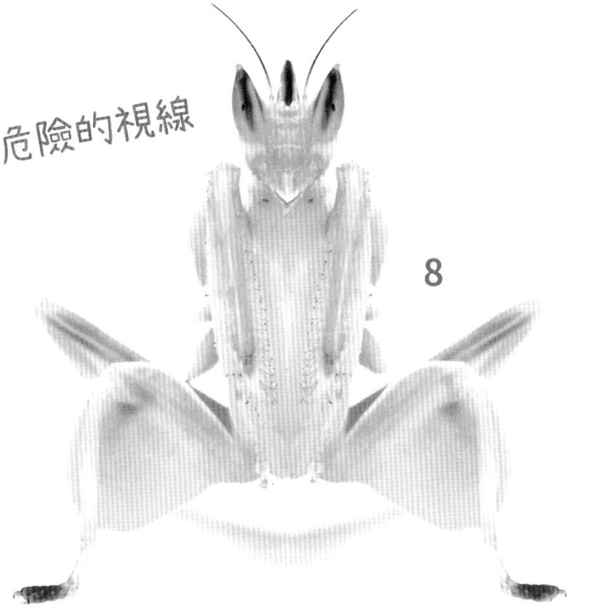

8

美男子

9

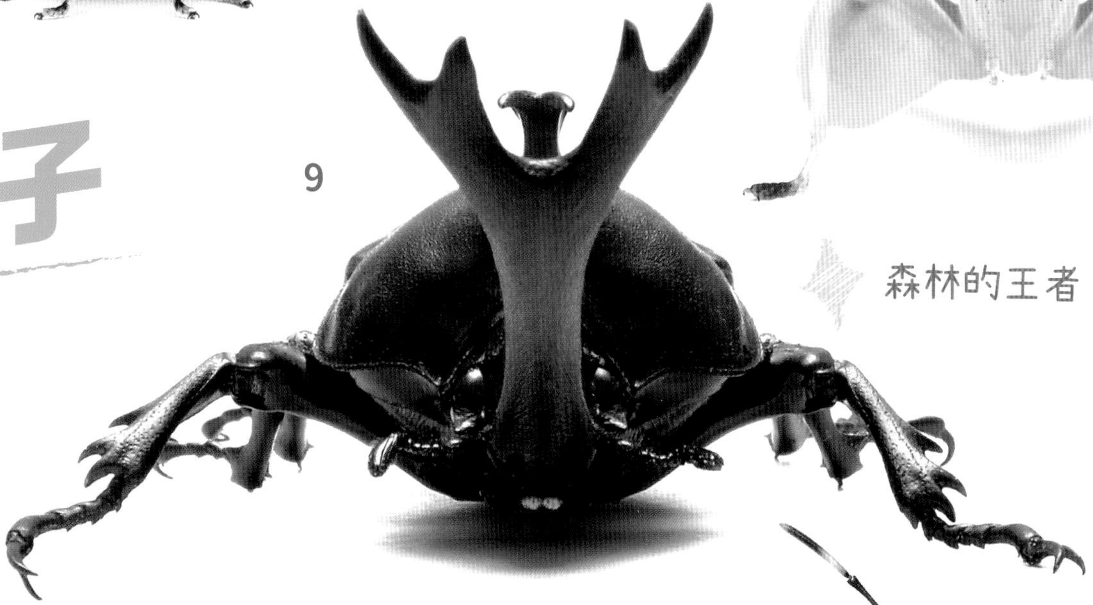

森林的王者

10

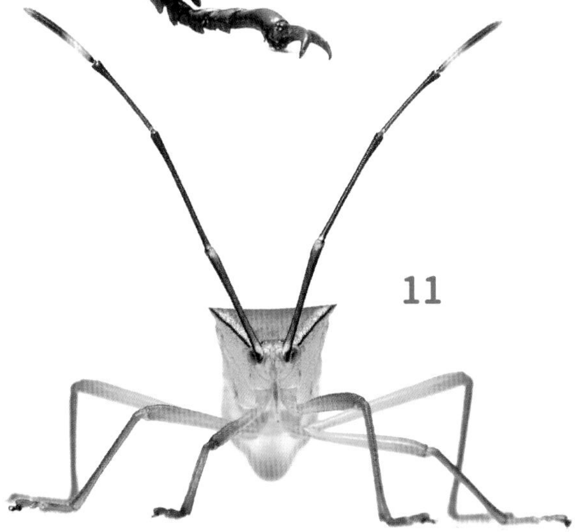

11

7 舞毒蛾

8 蘭花螳螂若蟲

9 獨角仙

10 斐豹蛺蝶

11 紋鬚同緣椿象

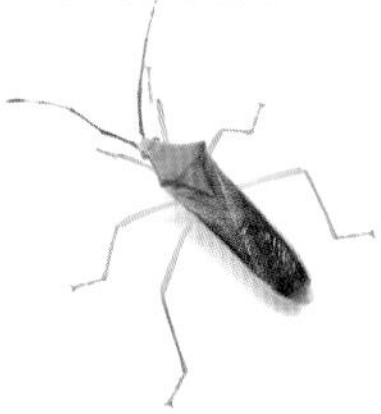

1

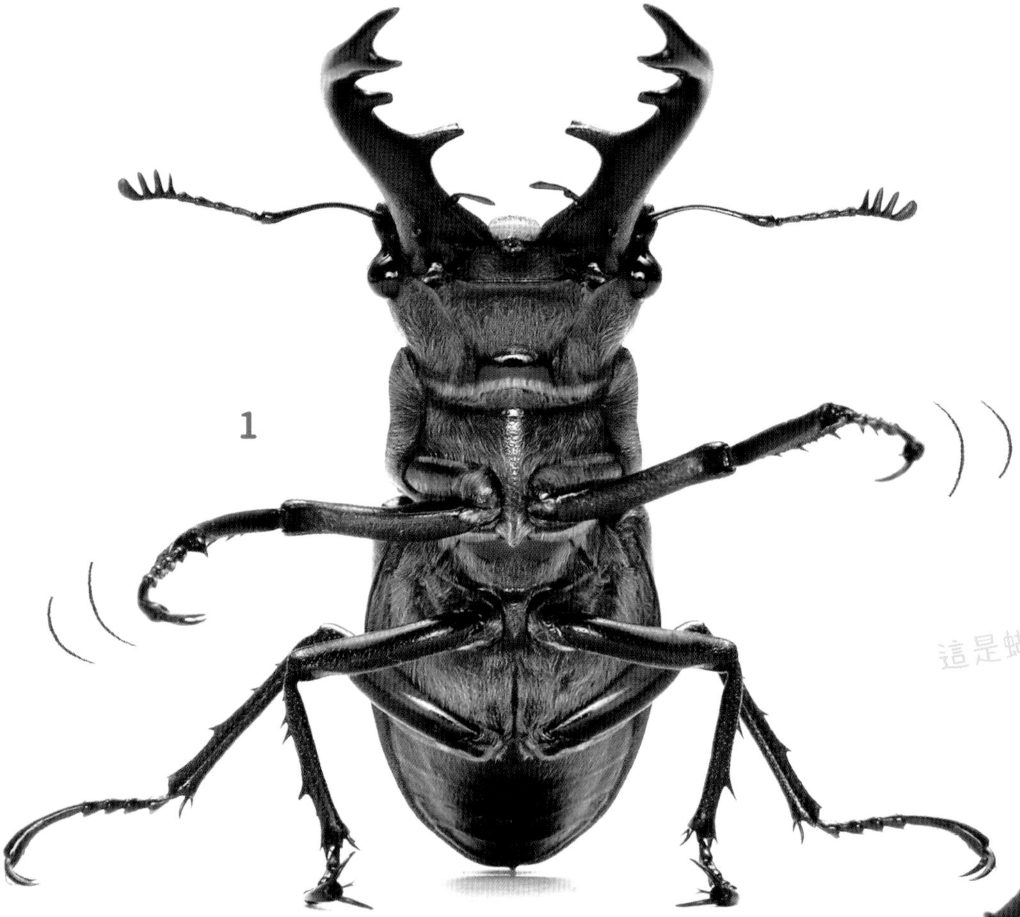

2

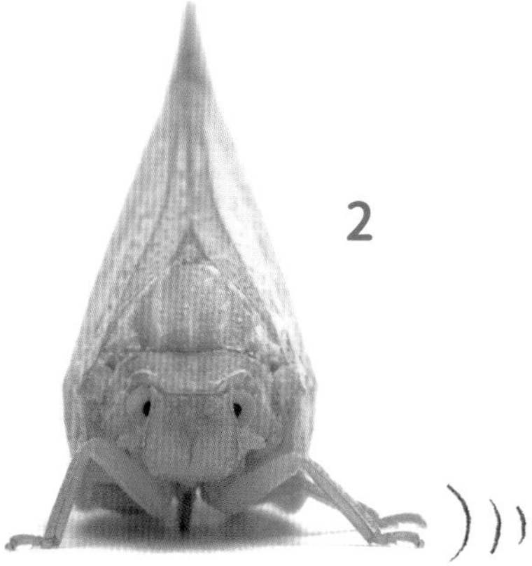

一臉

這是蝴蝶結嗎？

3

靈活的黑眼珠！

5

4

這裡才是眼睛哦！

1 深山鍬形蟲

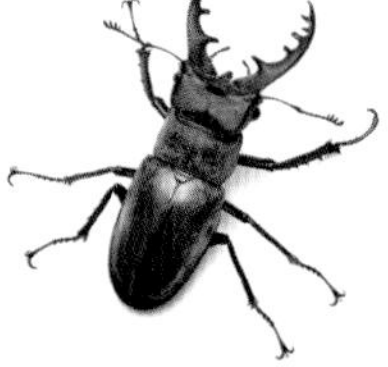

2 青蛾蠟蟬

3 日本粉吹金龜

4 廣翅蠟蟬

5 柿癬皮瘤蛾

長相逗趣的
諧星們！

愛耍寶

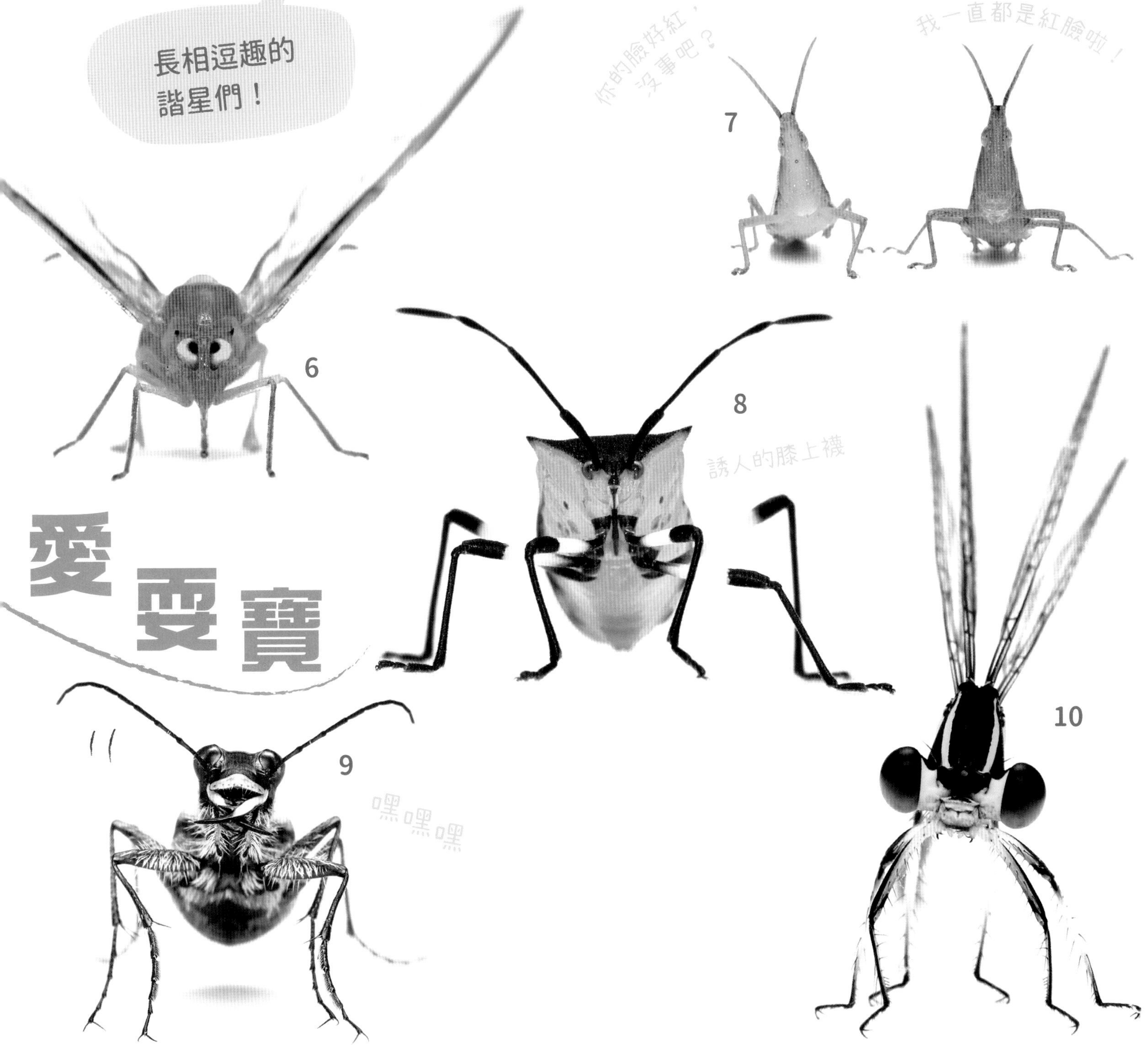
你的臉好紅，
沒事吧？
我一直都是紅臉啦！
7
6
8
誘人的膝上襪
9
嘿嘿嘿
10

6 長翅飛蝨

7 寬負蝗

8 鈍肩普緣椿象

9 貝加爾虎甲蟲

10 白狹琵蟌

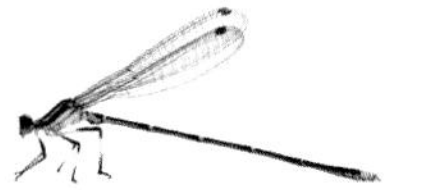

奇妙的角色

1

我們是不是
有夫妻臉呢？

雄　　雌

2

看我的
踢踏舞

3

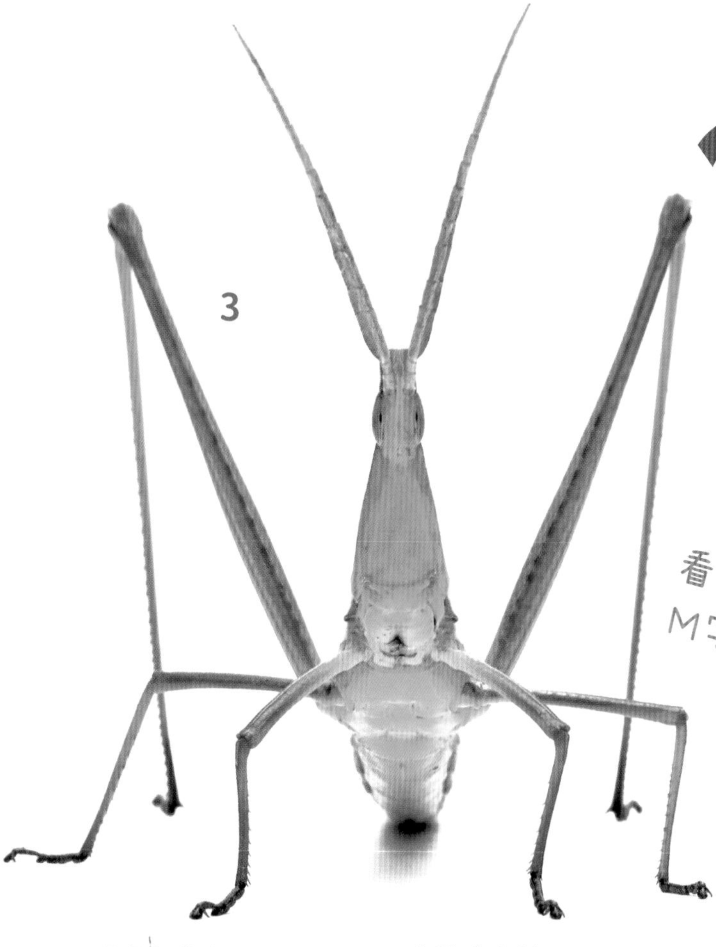
看我的
M字腿！

4

腳
翅膀

1 長角象鼻蟲

2 倒鈎食蟲虻

3 中華劍角蝗

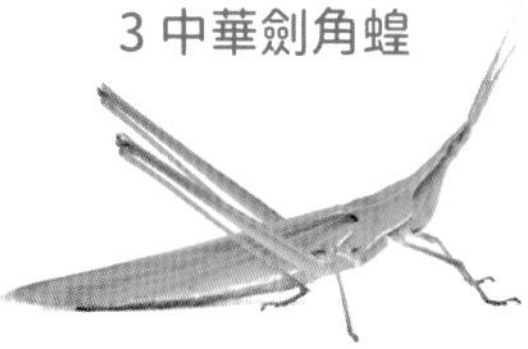

4 櫛大蚊

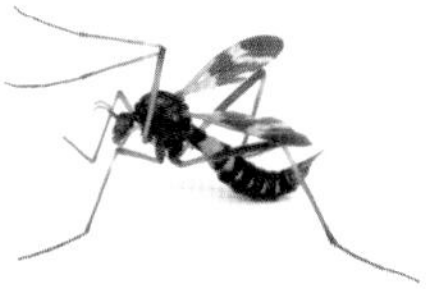

5 晴山棘腳螽

5

6

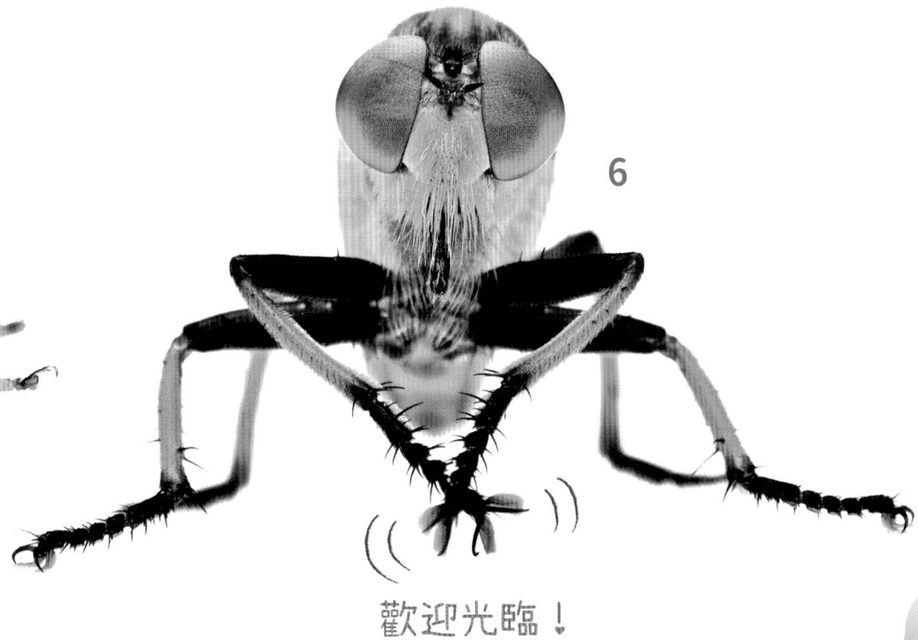

7

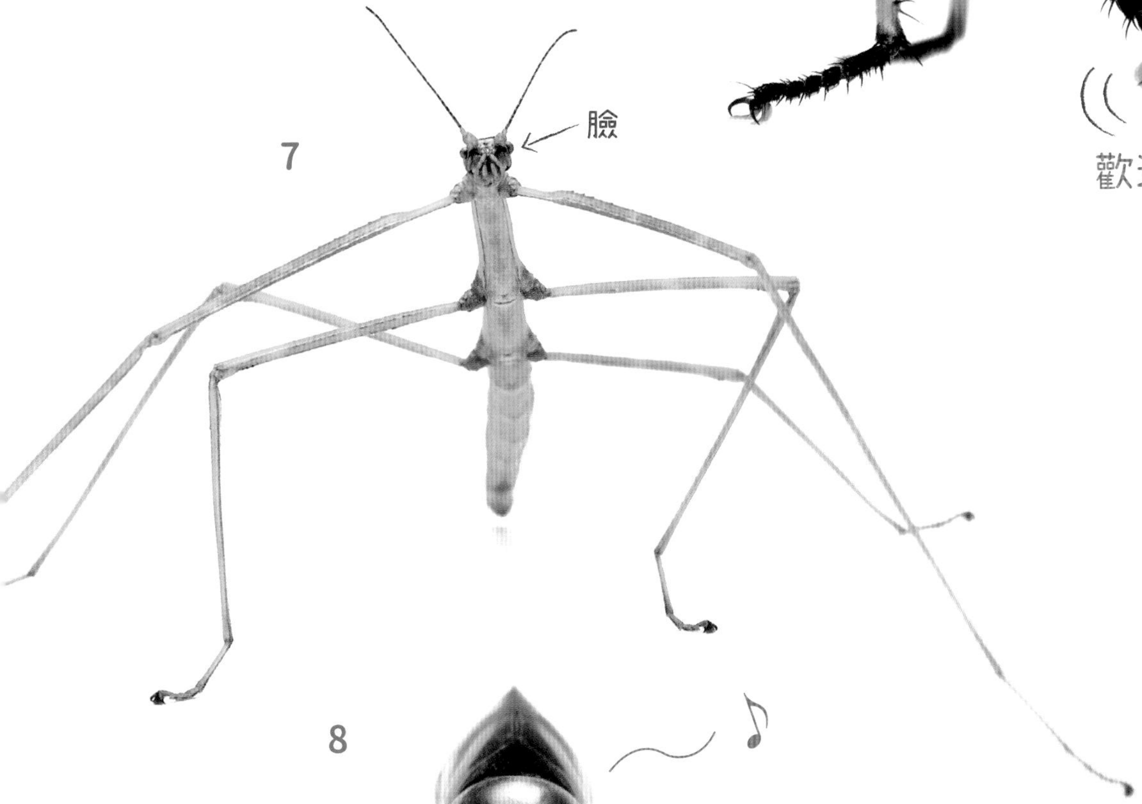

8

9

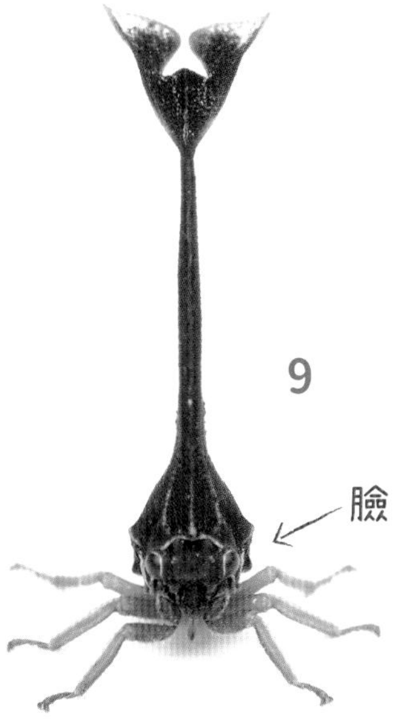

6 中華單羽食蟲虻

7 短肛竹節蟲

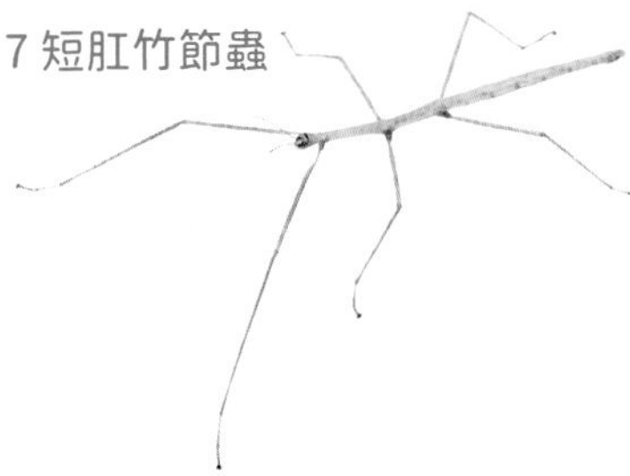

8 仰泳椿

9 白帶旗竿角蟬

凶神惡煞

1

2

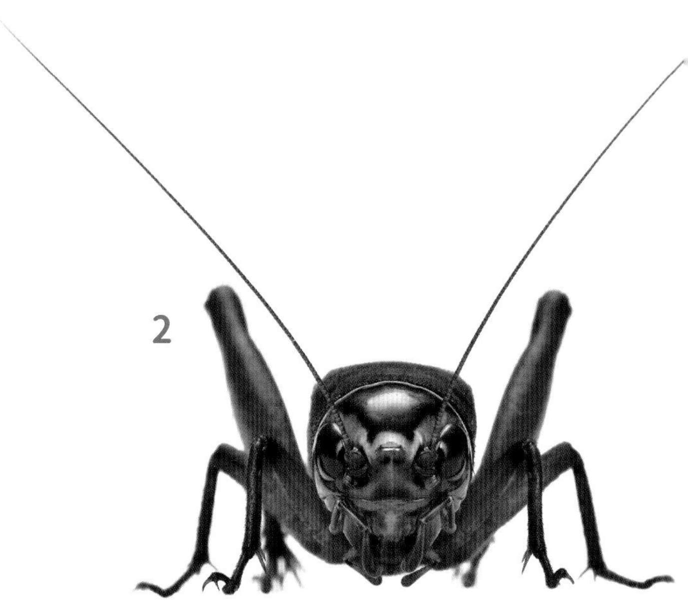

3

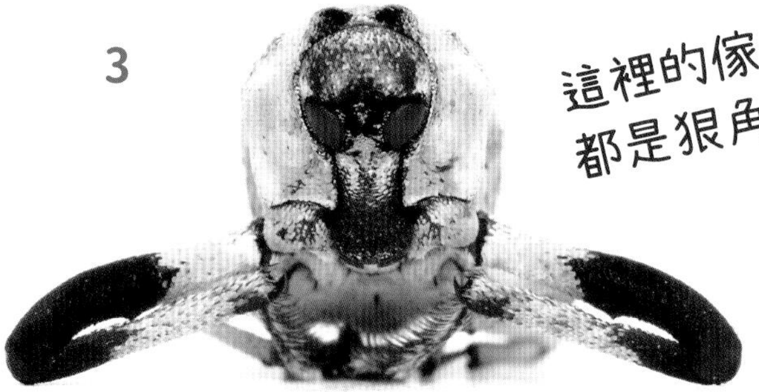

這裡的傢伙
都是狠角色哦！

4

1 藍目天蛾

2 黃臉眉紋蟋蟀

3 長臂扁喙象鼻蟲

4 狄氏大田鱉

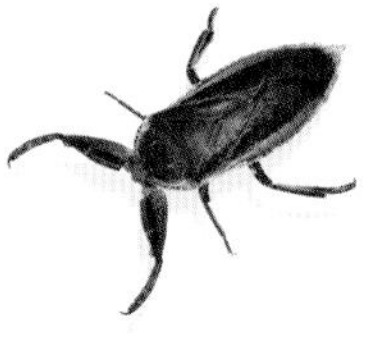

5 日本蠍蛉

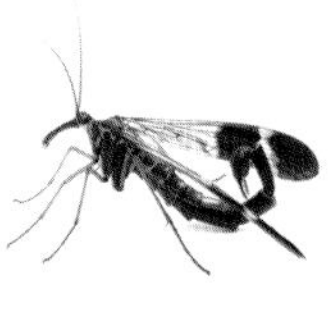

5

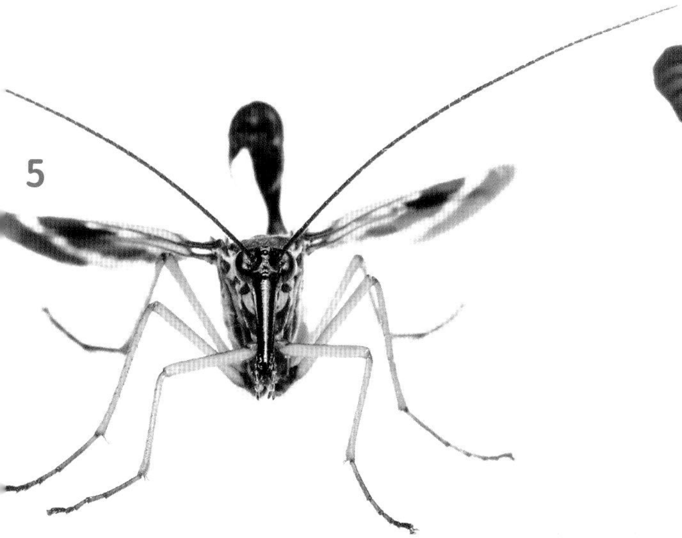

6

7

8

9

6 麝香曙鳳蝶

7 島嶼鋸天牛

8 對馬鋸鍬形蟲

9 中華大虎頭蜂

你喜歡
哪一隻呢？

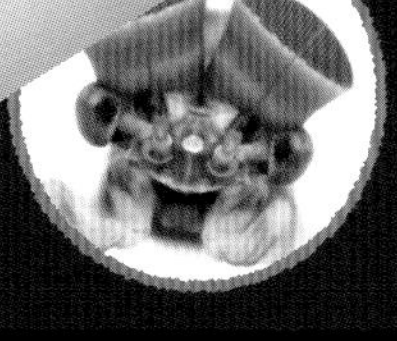

在搞笑嗎？

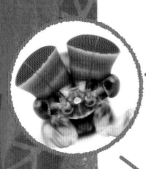

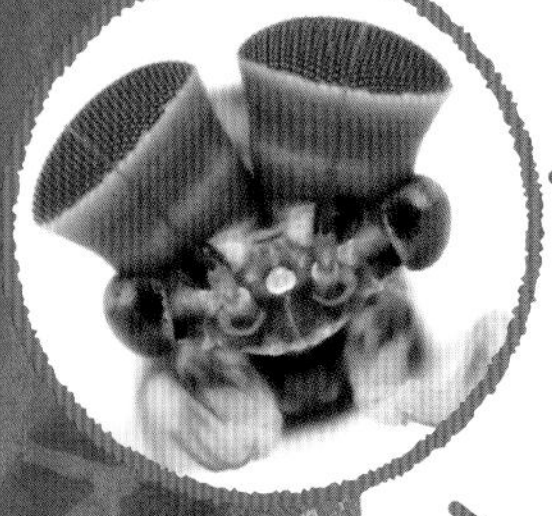

終於來到最後一幕了！
從新人到老手，
使出渾身解數上臺嘍！

別推我——

脛狹螢金花蟲

你們真的是……

長毛食蟲虻

就跟你說了……
咕咚
不可以一起
跳下來啦！

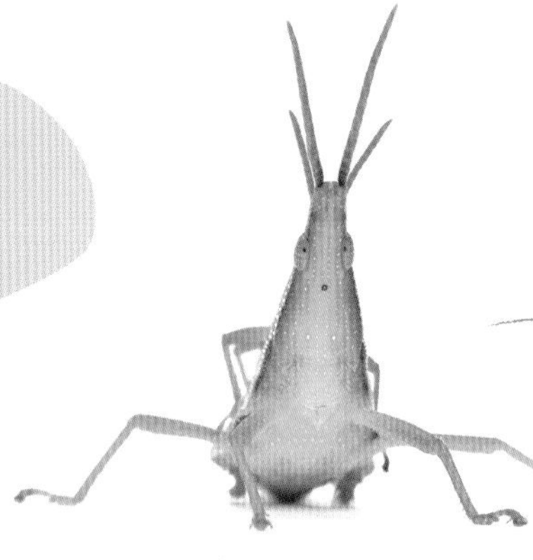
觸角有四根？

哈！

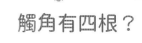

長毛食蟲虻

把手舉起來！

真是的！要出場了，
口器還沒捲回來。
口器
捲捲
嘿喲！
捲捲
捲好了！

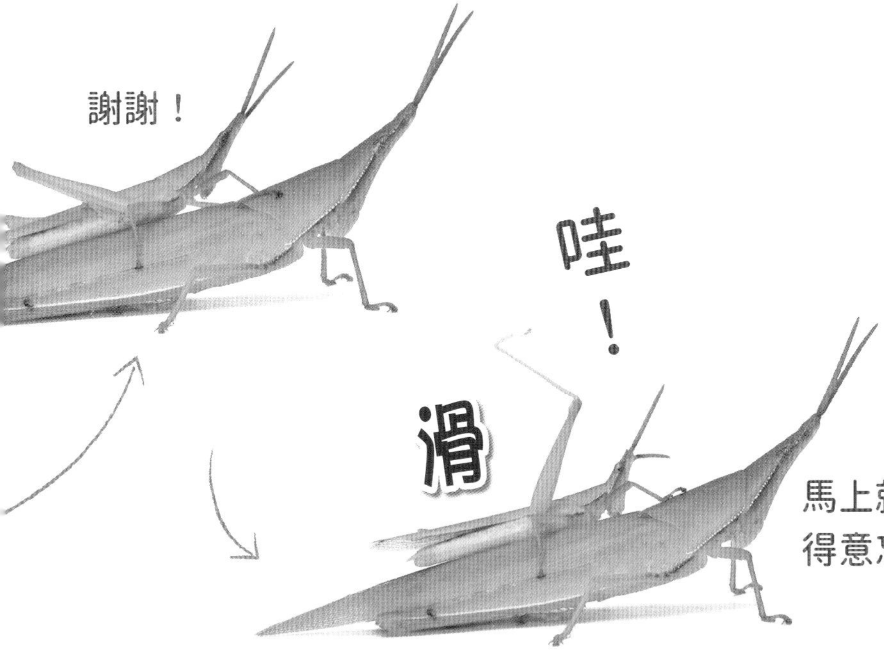
謝謝！
哇！
滑
馬上就
得意忘形了！

寬負蝗

深山褐弄蝶

嚇一跳！

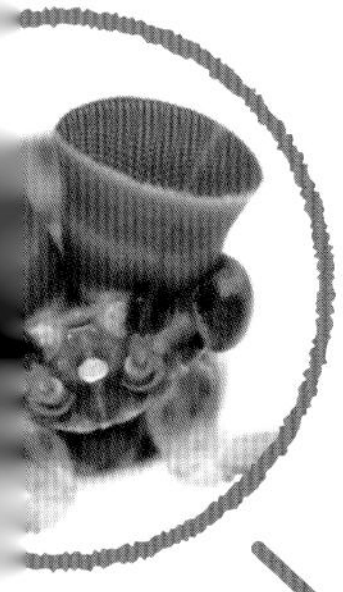

這些模仿達人們，
果然很厲害呢！

枯葉的
真面目是？

唰

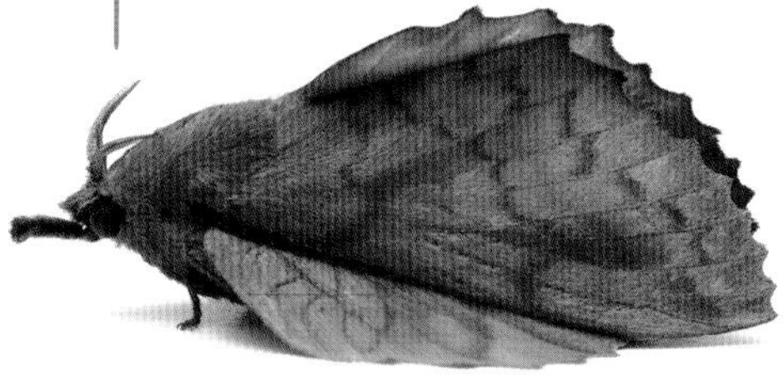

原來是……

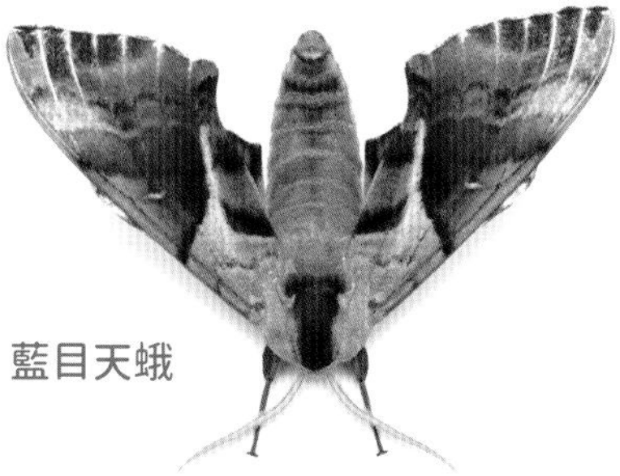

藍目天蛾

貓頭鷹！

我要開始
模仿嘍！

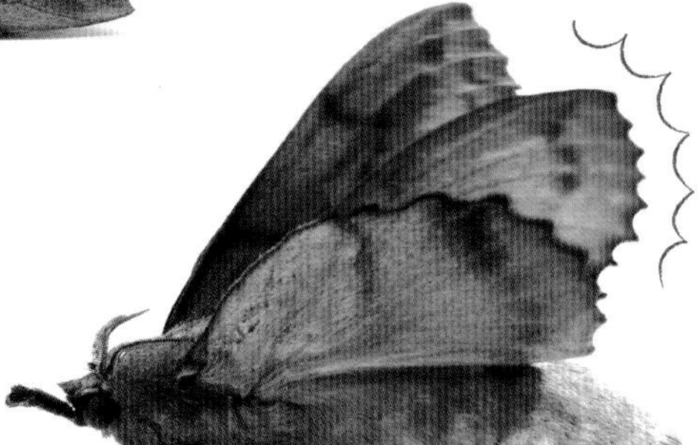

遠東褐枯葉蛾！

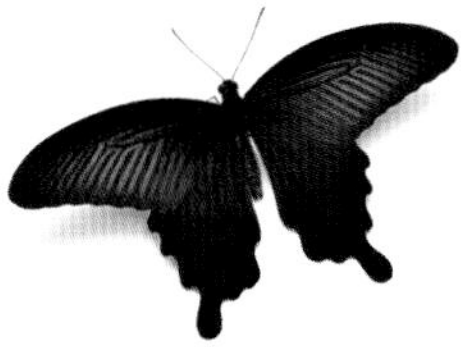

黑鳳蝶

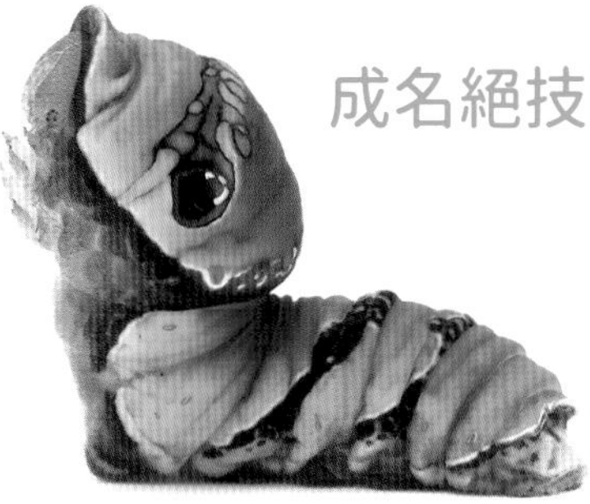
成名絕技啊……

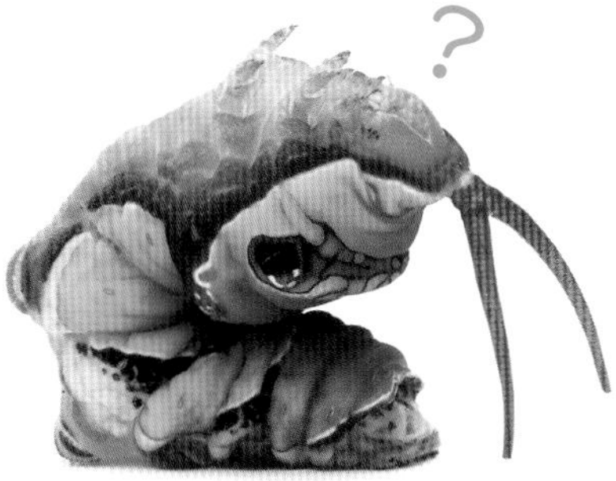
像這樣嗎？

黑鳳蝶幼蟲

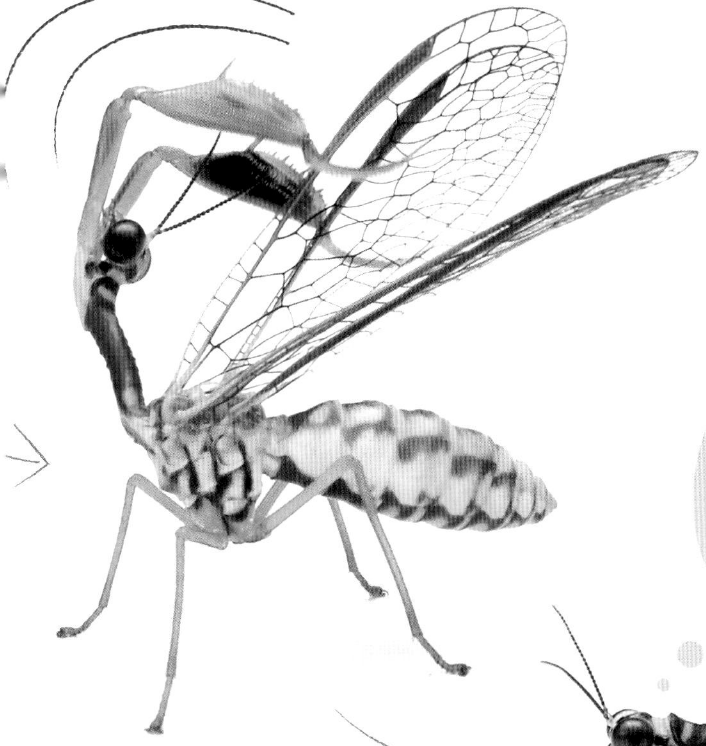
咻！

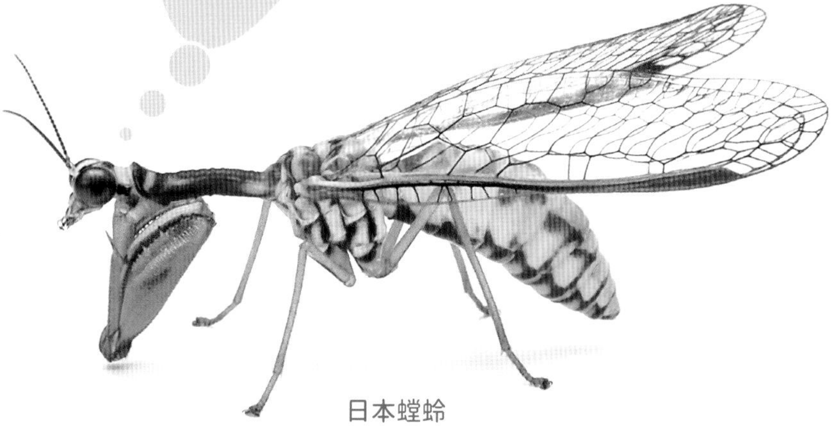
厲害吧！

日本螳蛉

瞬目即逝的大絕招，
被盯上的獵物絕對逃不掉！

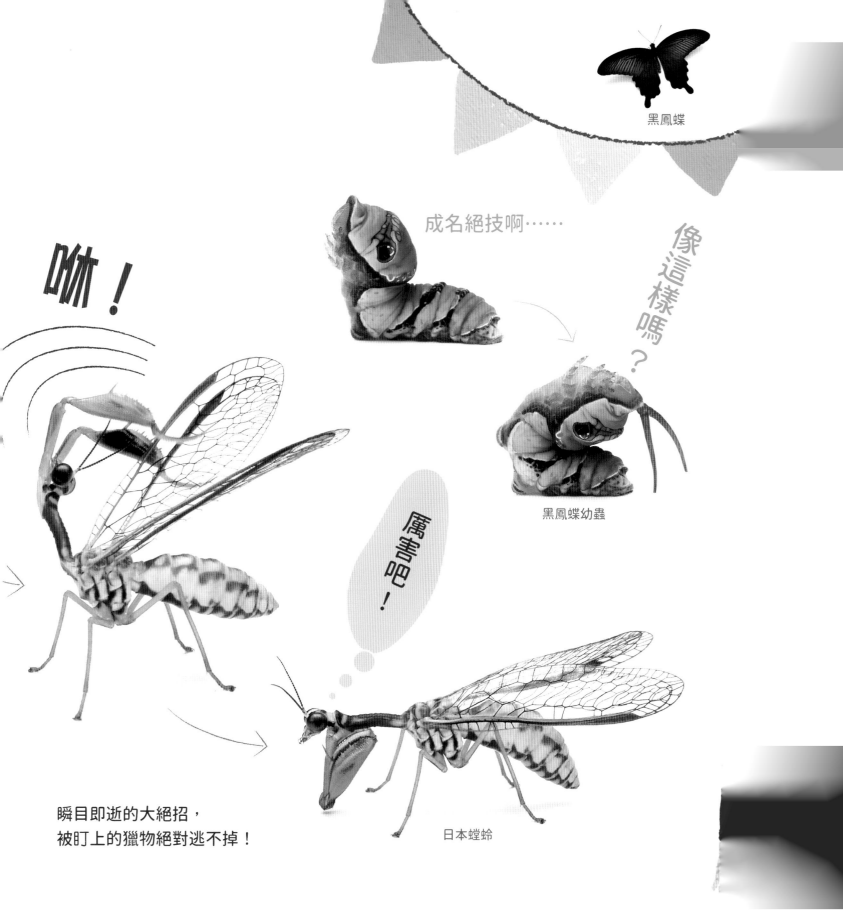

會笑的屁股

微笑

等等！

這裡才是真正的臉！

櫟枝背舟蛾幼蟲

櫟枝背舟蛾

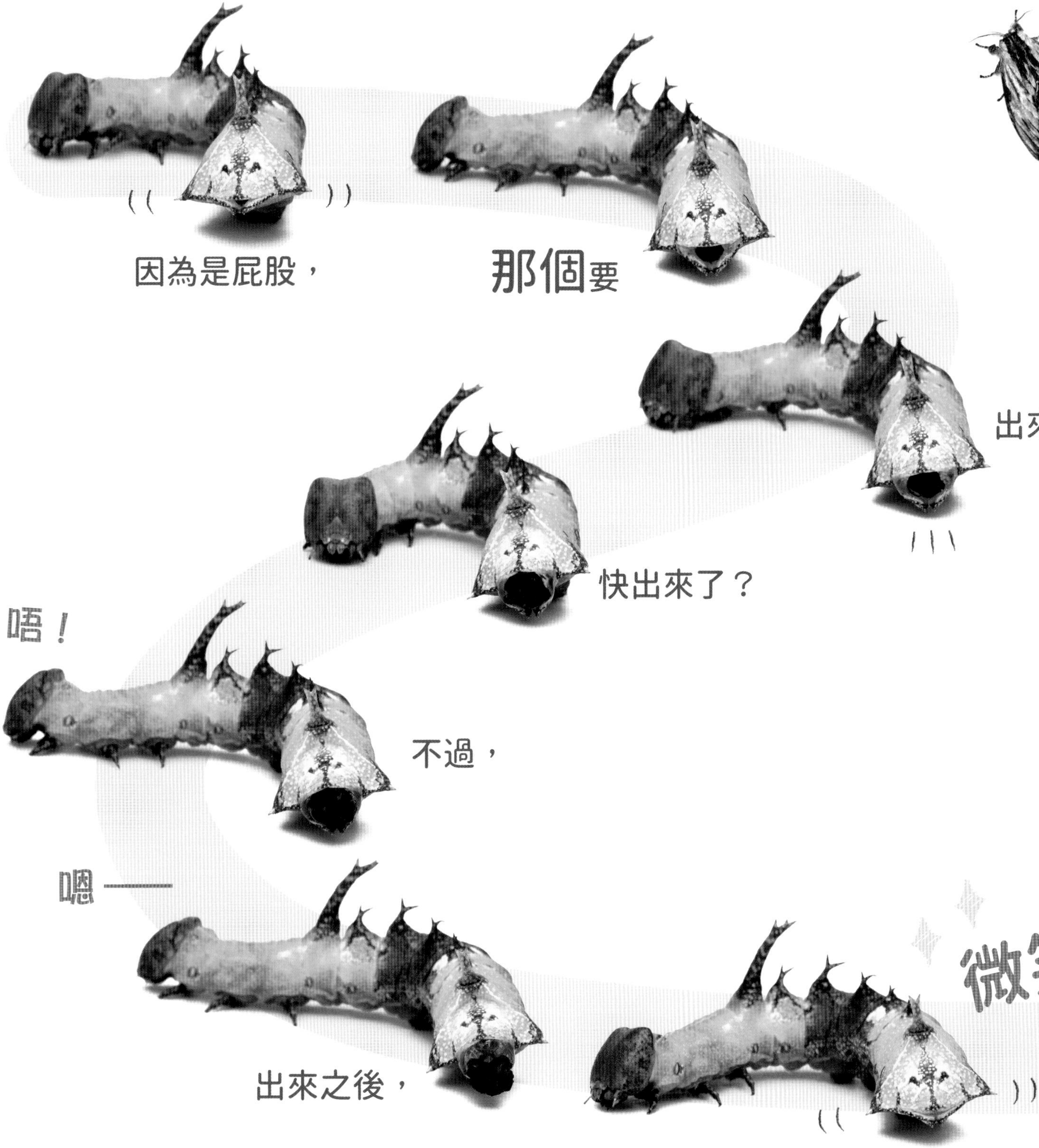

因為是屁股，

那個要

出來嘍！

快出來了？

唔！

不過，

嗯——

出來之後，

微笑

還是會保持笑容！

充滿彈力的大便秀

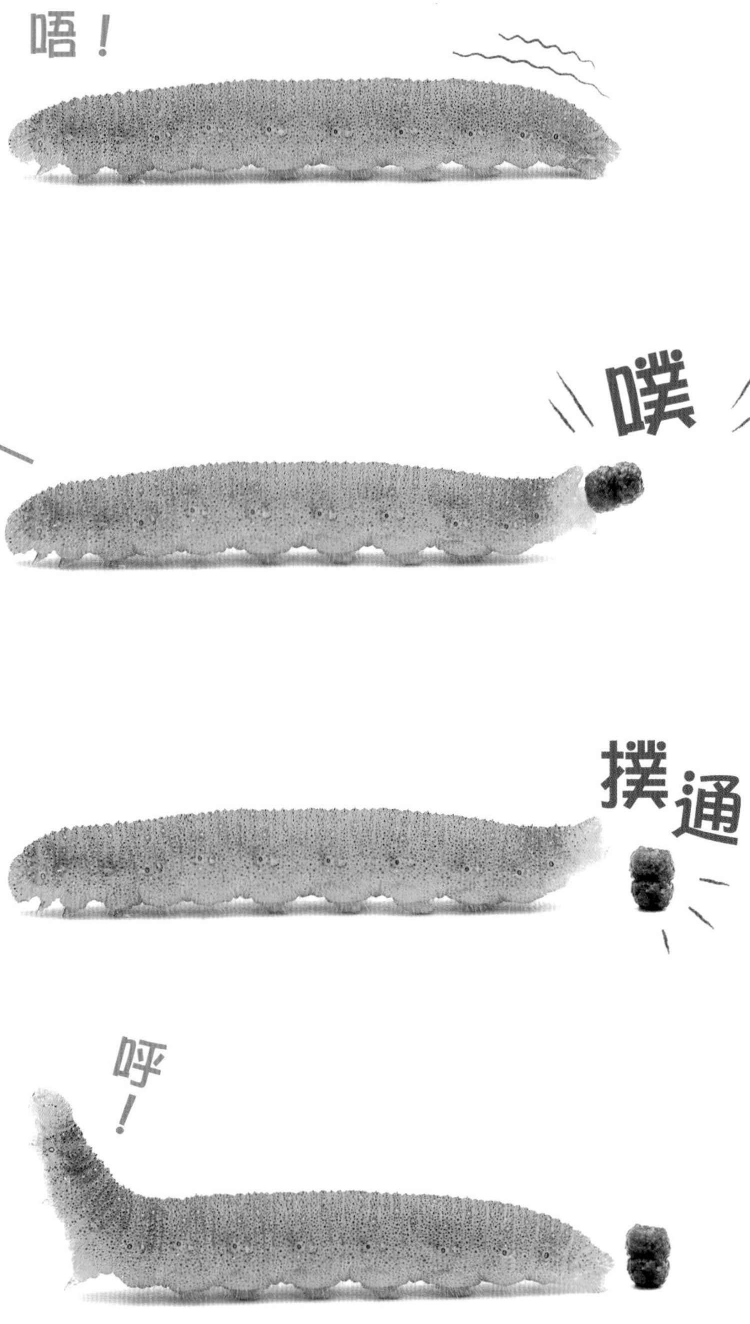

白粉蝶幼蟲

真是太失禮了！
這不是可以特別表演
給觀眾看的吧？
咦？大家最喜歡這種表演嗎？

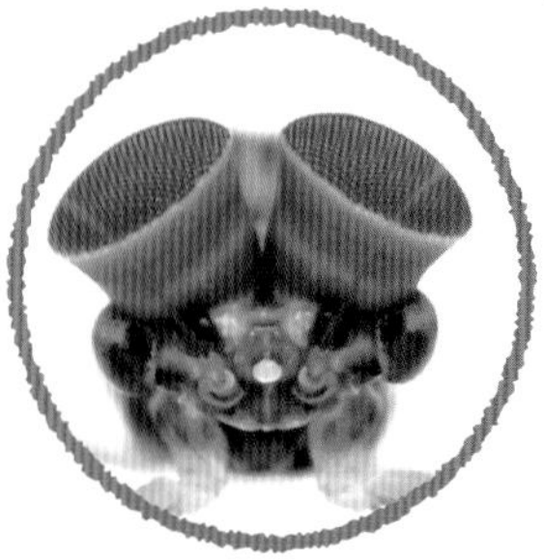

白粉蝶　斜綠天蛾　擬斑脈蛺蝶

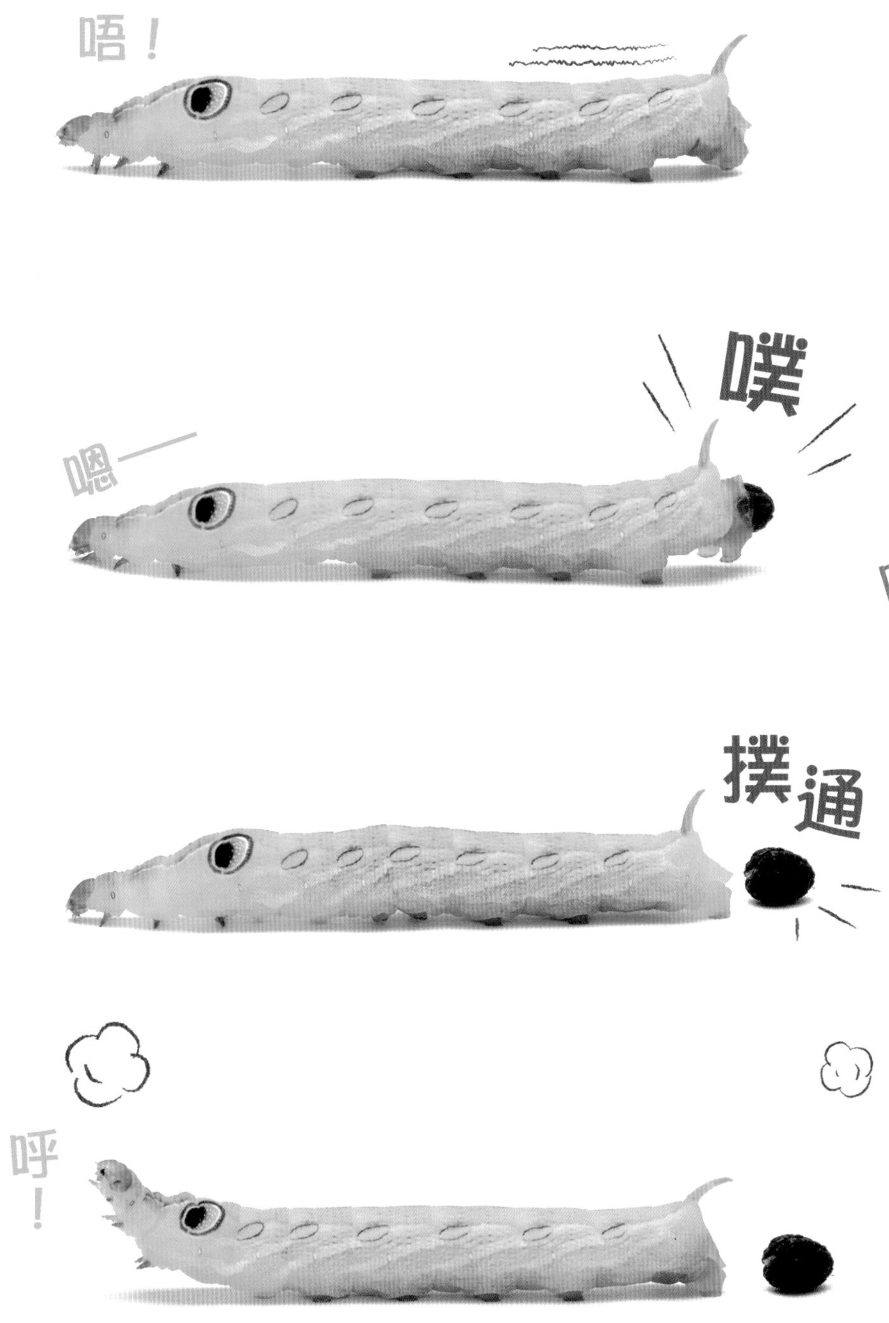

斜綠天蛾幼蟲

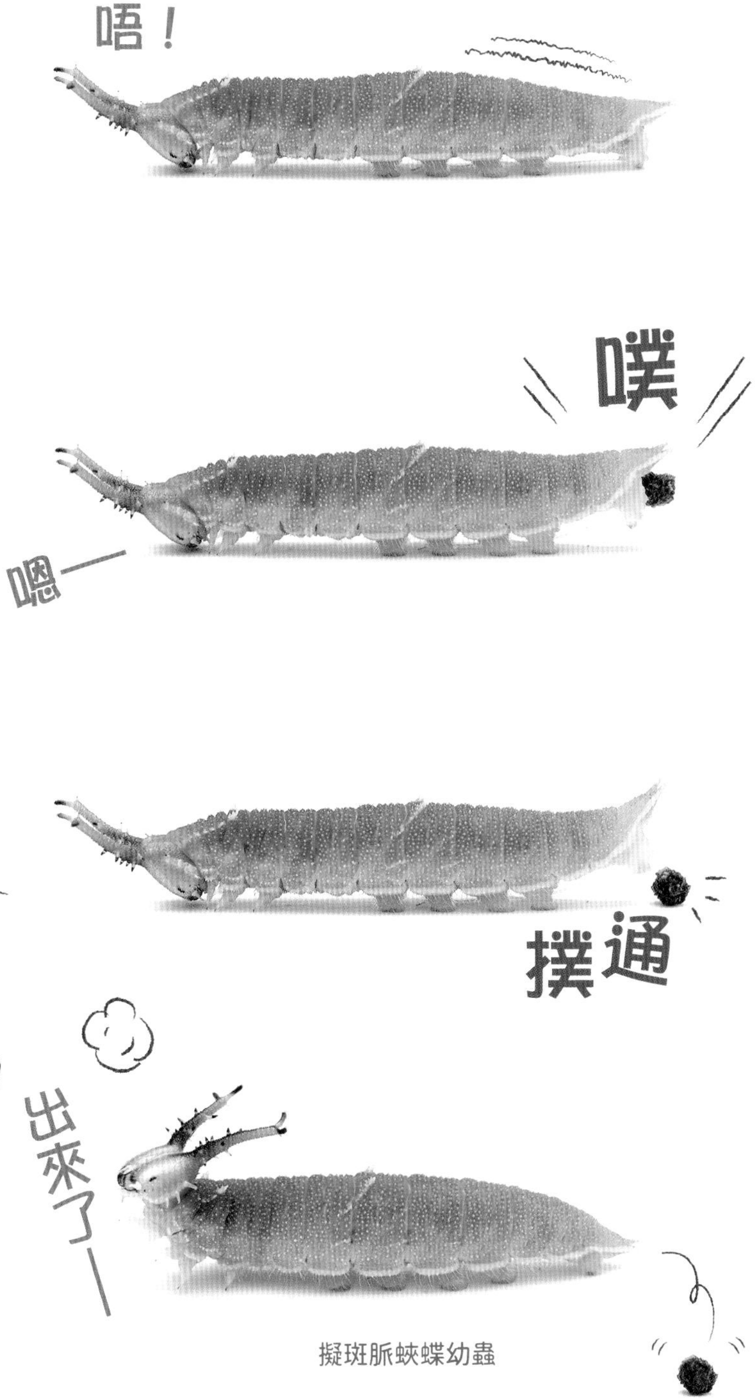

擬斑脈蛺蝶幼蟲

猜猜我是誰？

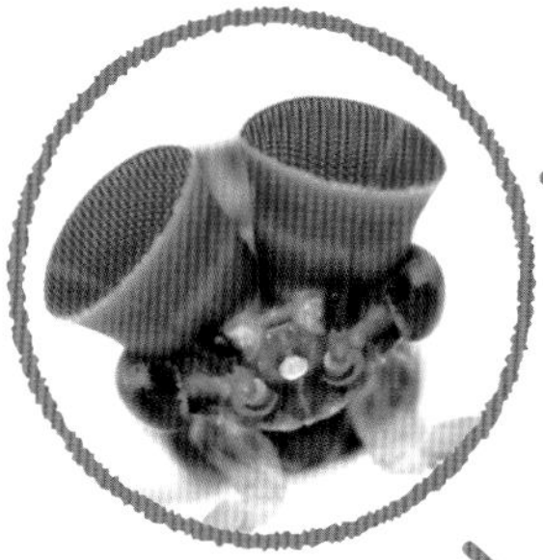

在沙子裡發現了
奇妙的丸子。
好，來個小考吧！
在裡面的是誰呢？

那是鳥喙嗎？

牠有翅膀嗎？

雛鳥？

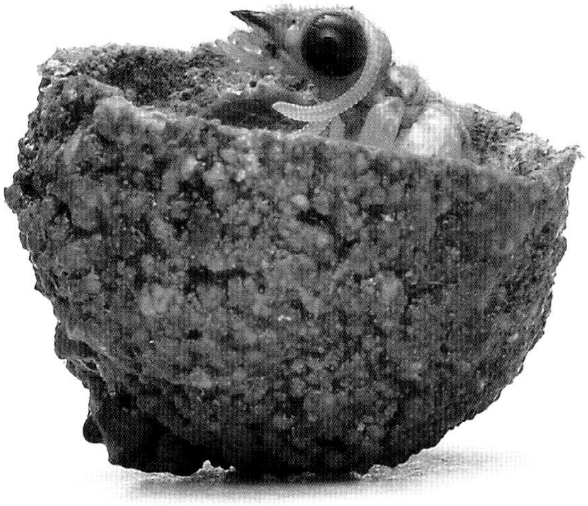

這是彩艷白斑蟻蛉的繭，
裡面的是蛹。

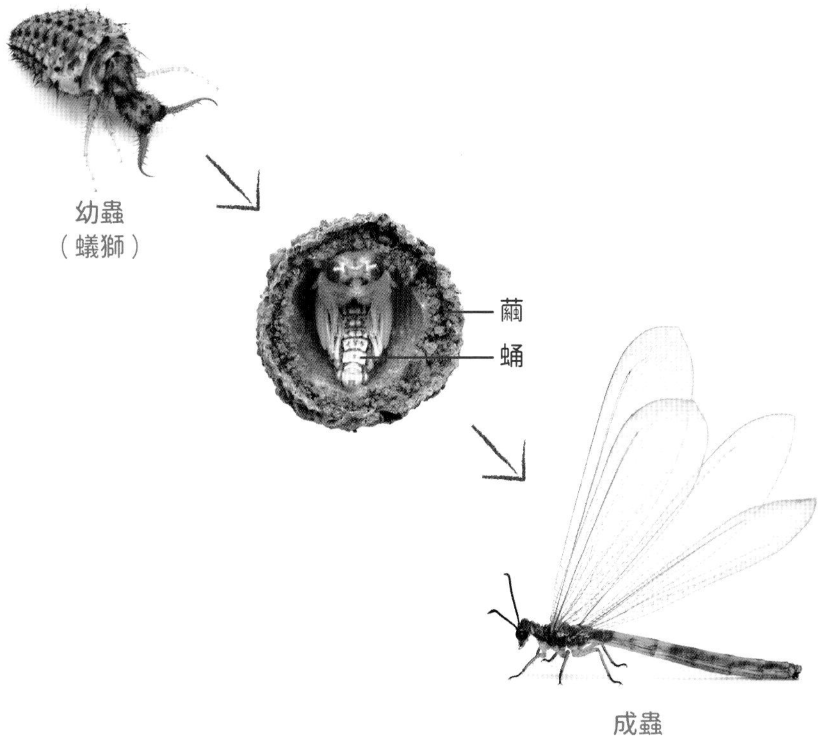

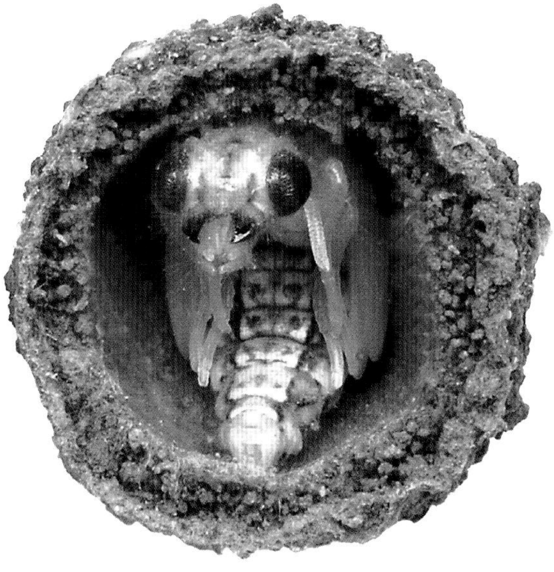

嚇我一跳！

真會模仿！

原來是蟲啊？

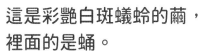

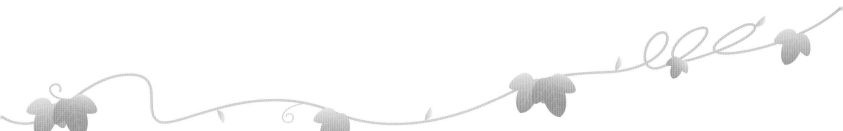

外星人？

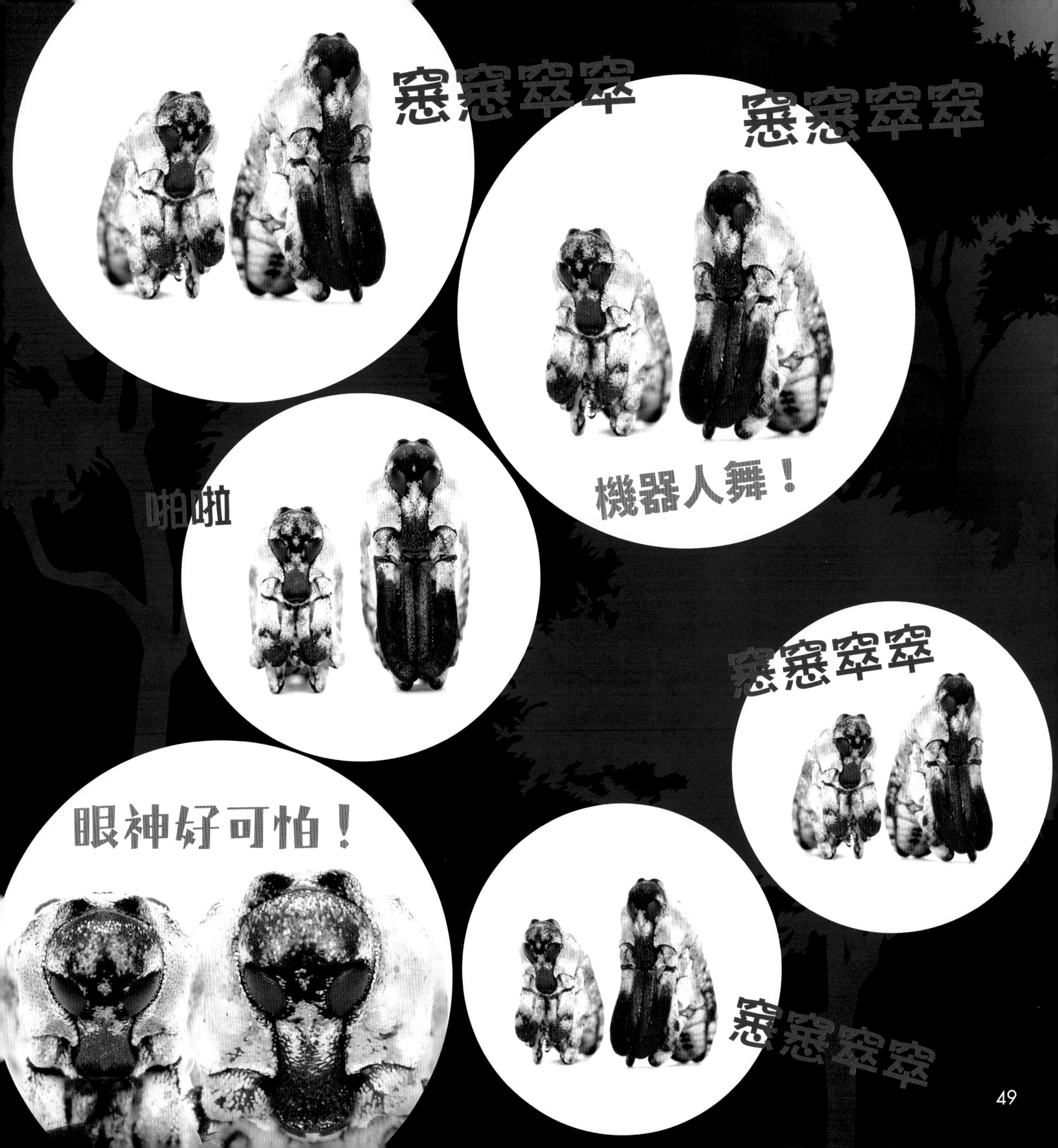
窸窸窣窣
窸窸窣窣
機器人舞！
啪啦
窸窸窣窣
眼神好可怕！
窸窸窣窣

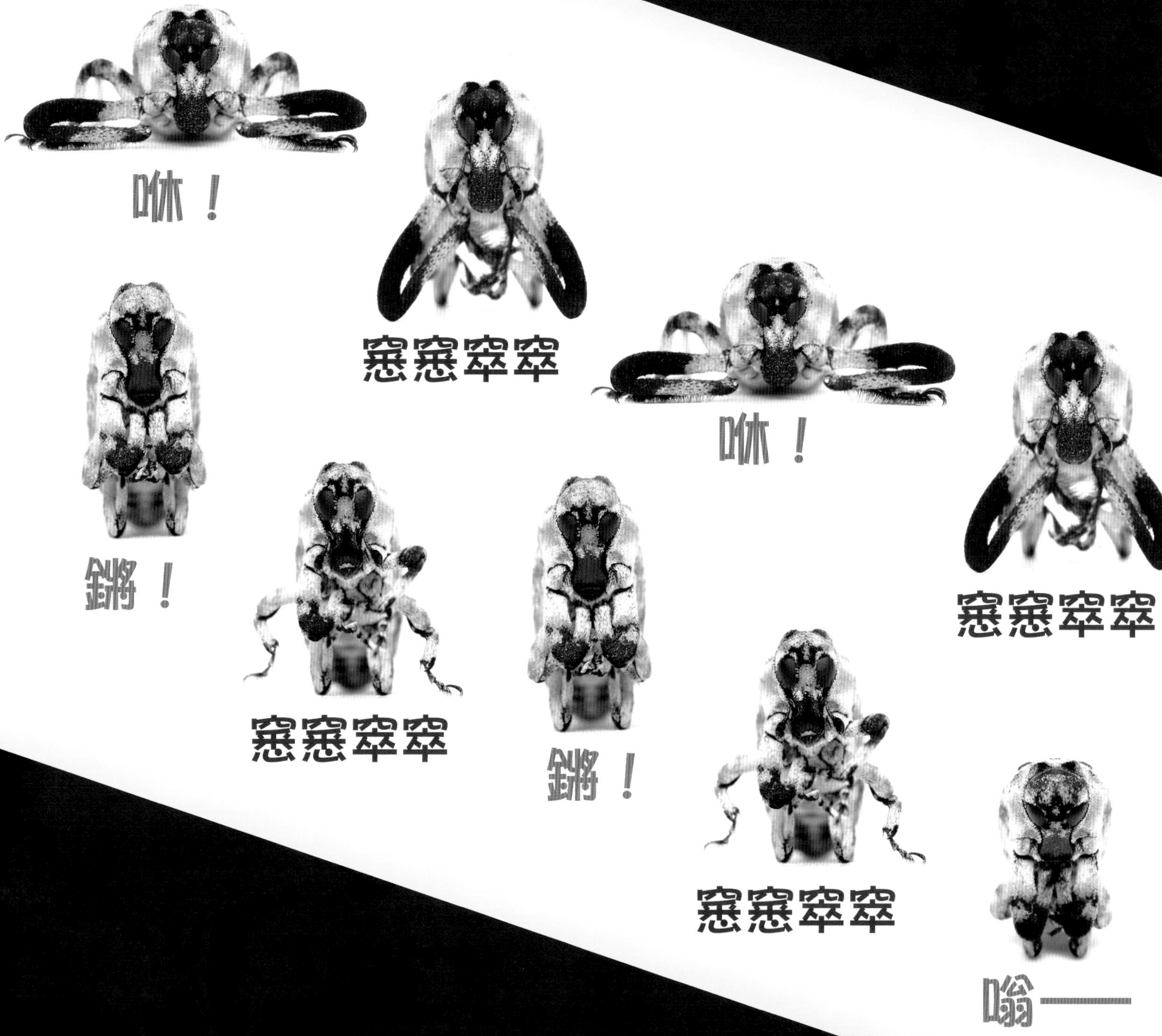
咻！
窸窸窣窣
咻！
窸窸窣窣
鏘！
窸窸窣窣
鏘！
窸窸窣窣
嗡——

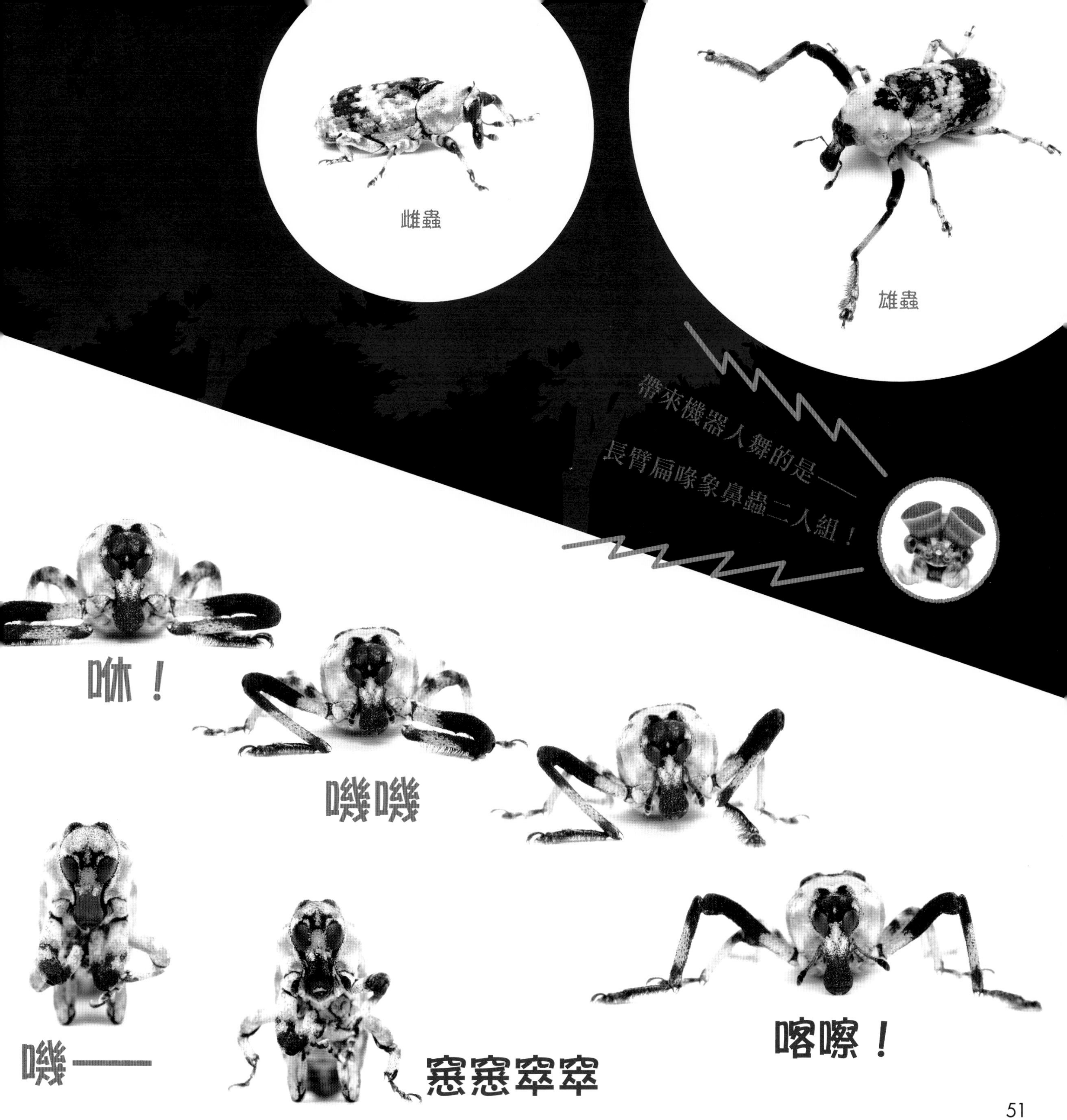
雌蟲
雄蟲
帶來機器人舞的是——
長臂扁喙象鼻蟲二人組！
咻！
嘰嘰
嘰——
窸窸窣窣
喀嚓！

這是森林裡的特製水池，
在欣賞橫紋划椿的水中芭蕾時，
小昆蟲大舞臺也即將落幕了！

搭乘魔毯 在水中遨翔吧！

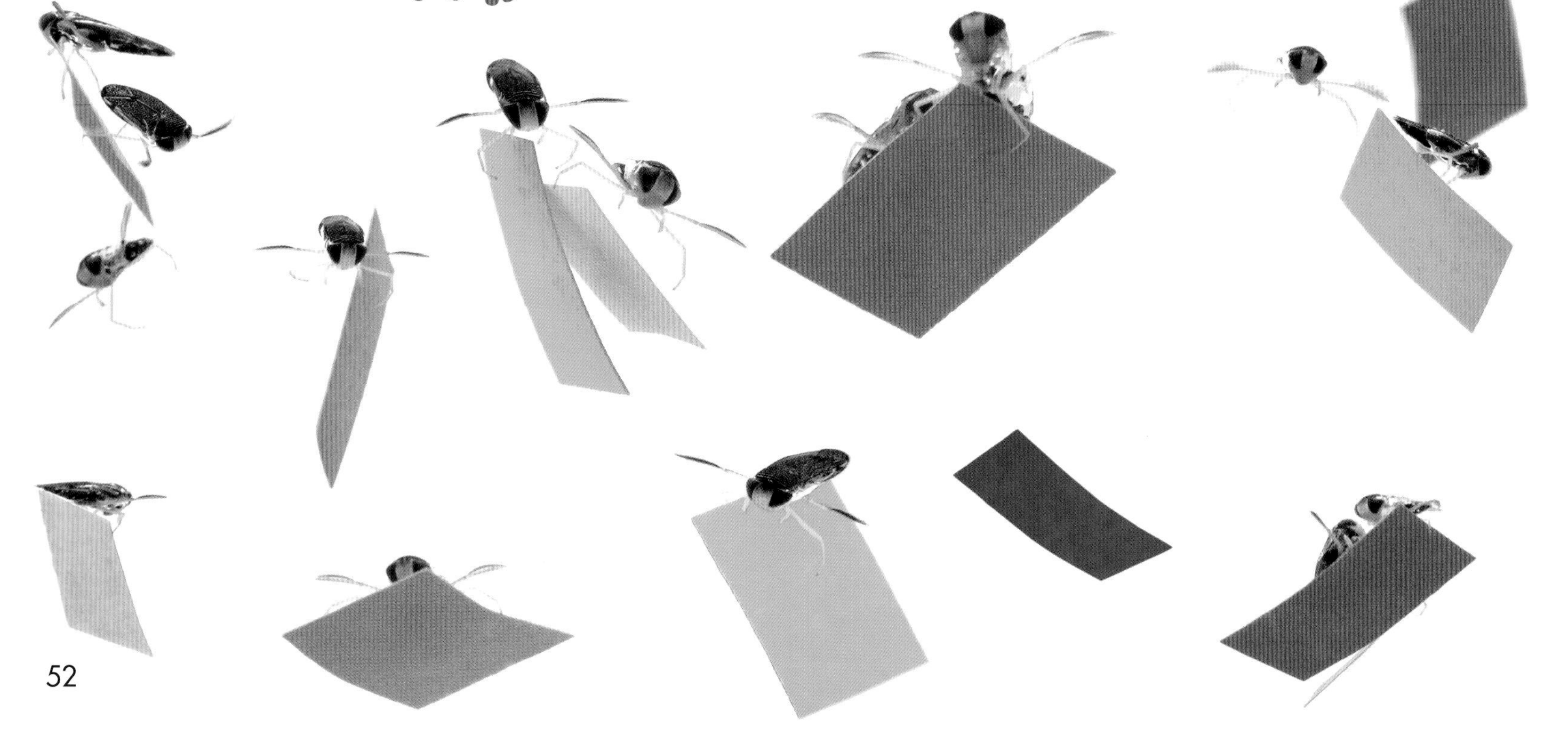

小昆蟲安可！為您介紹本書中登場的84種昆蟲演員

本書中的昆蟲，若臺灣未分布或無中文名，會採用中國名，臺、中皆無中文名稱者，則依學名自創種名。

大螳螂……2、4、5、18、19頁
螳螂的同類　體長：68～95公釐

有綠色型和咖啡色型。幼蟲經過七次蛻皮後變為成蟲，也有不經過第七齡，直接從六齡幼蟲蛻皮為成蟲的例子。

彎臂四節蜉蝣……3、10、12、14、18、20、22、24、30、37、38、40、44、46、51、52頁
蜉蝣的同類　體長：大約4公釐（不含尾毛）

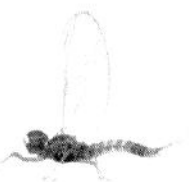

頭上的紅色構造被稱為「圓筒狀突眼」，只有蜉蝣的雄蟲才有。可不是拿來開玩笑的扮裝玩具哦！

牛虻……6、7頁
蒼蠅、蚊子的同類　體長：22～28公釐

吸食牛等動物的血，但只有雌蟲會吸血。可以在夏天的牧場附近看到牠們。牛虻也會聚集在樹液上。

中華大虎頭蜂……8、9、37頁
蜜蜂、螞蟻的同類　體長：37～44公釐（女王蜂）
28～40公釐（工蜂）

很帥但很危險的蜂，被螫到可能會死，所以絕對不可以接近。本書中出現的是女王蜂。

大透目天蠶蛾……10、11頁
蝴蝶、蛾的同類　直徑：2.8公釐（卵）
體長：6公釐（一齡幼蟲）
展翅：115～150公釐（成蟲）

卵　一齡幼蟲　成蟲

成蟲展翅大概和明信片差不多大，剛從卵裡出來的大透目天蠶蛾幼蟲卻只有6公釐，只要五個月就能變成巨大的成蟲了。

瓜黑斑瓢蟲……12、13頁
甲蟲的同類　體長：大約8公釐（幼蟲）
5～8公釐（成蟲）

幼蟲　成蟲

幼蟲和成蟲都可以在王瓜的葉子上找到。人類摸到幼蟲身上的刺通常是不會覺得痛的。請大家好好觀察幼蟲可愛的臉！

七星瓢蟲……14、15頁
甲蟲的同類　體長：5～9公釐

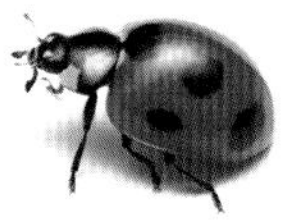

背上有七個黑點，所以叫做七星瓢蟲。牠們吃蚜蟲，所以常在蚜蟲聚集的花草上出沒。

巨星尺蛾……16、17頁
蝴蝶、蛾的同類　體長：大約50公釐（幼蟲）
展翅：60～70公釐（成蟲）

幼蟲　成蟲

幼蟲長得像蛇，會氣噗噗的膨脹、威嚇敵人，是在模仿眼鏡蛇吧？可以在柿子樹葉上找到。

綠弄蝶……20頁
蝴蝶、蛾的同類　展翅：40～49公釐

在咖啡色居多的樸素弄蝶中，擁有少見的美麗綠色翅膀，感覺就像是大城市來的時髦轉學生。

褐弄蝶……20頁
蝴蝶、蛾的同類　展翅：27～37公釐

褐弄蝶名字的意思是「咖啡色翅膀的弄蝶」。弄蝶的同類大多都飛很快，常見於學校或公園的花圃。

透紋孔弄蝶……20頁
蝴蝶、蛾的同類　展翅：30～40公釐

體型和翅膀上的白斑都比褐弄蝶（第20頁）稍微大一點，看得出來嗎？

深山褐弄蝶……20、39頁
蝴蝶、蛾的同類　展翅：30～40公釐

弄蝶大多口器很長。第39頁的深山褐弄蝶口器常收不回來，上場前才慌慌張張的捲起來。

稻弄蝶……20、28、29頁
蝴蝶、蛾的同類　展翅：34～40公釐

弄蝶中很常見的種類，會群聚飛行移動。夏末秋初時，成蟲會大量出現。

大小的測量　體長：身體的長度　展翅：翅膀張開後的寬度

日本虎甲蟲 ······ 21頁

甲蟲的同類 體長：18～23公釐

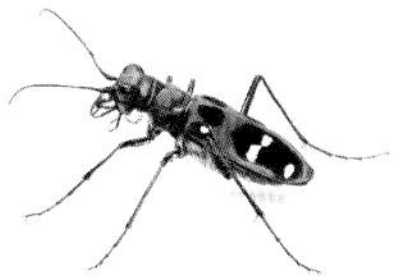

色彩樸素的虎甲蟲之中，日本虎甲蟲顯得特別美麗。牠們會在乾涸的沙地跑來跑去、捕食小昆蟲。

貝加爾虎甲蟲 ······ 21、33頁

甲蟲的同類 體長：10～13公釐

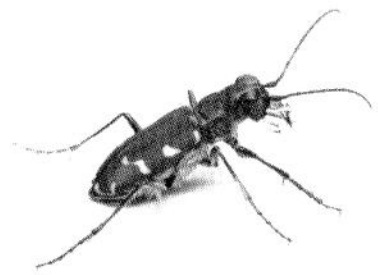

常見於河邊的沙地。春天和秋天比較多，行動敏捷、一下就飛走，如果沒有捕蟲網的幫忙，很難抓到牠們。

深山小虎甲蟲 ······ 21頁

甲蟲的同類 體長：9～10公釐

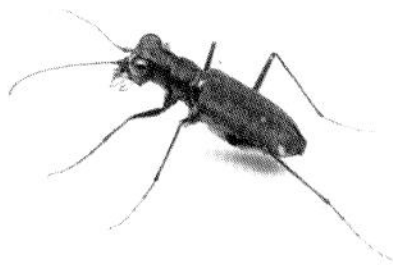

體色樸實的虎甲蟲。體型很小且行動敏捷。

勾玉虎甲蟲 ······ 21頁

甲蟲的同類 體長：14～15公釐

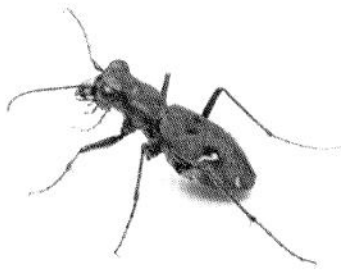

虎甲蟲通常都會飛，但勾玉虎甲蟲已經失去飛行能力了。牠會來回奔跑、尋找獵物。

淡紋虎甲蟲 ······ 21頁

甲蟲的同類 體長：9～11公釐

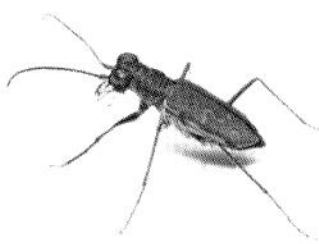

夏天在河邊的沙地可以發現，以前的圖鑑裡也曾稱牠為姬虎甲蟲。

黑翅蜻蜓 ······ 22頁

蜻蜓、豆娘的同類 體長：31～42公釐

翅膀上有顏色，在蜻蜓裡很少見，飛翔時像蝴蝶一樣飄逸。晴天時從下往上看，翅膀就像彩繪玻璃般美麗。

雪國小琉璃鍬形蟲 ······ 22頁

甲蟲的同類 體長：10～13公釐（雄蟲）9～12公釐（雌蟲）

雄蟲

棲息於下雪的地區，所以叫做「雪國」小琉璃鍬形蟲。到了春天會聚集在樹木的新芽上。雖然是鍬形蟲的同類，但是不會被樹液吸引。

拉維斯氏寬盾椿 ······ 22頁

蟬、椿象的同類 體長：16～20公釐

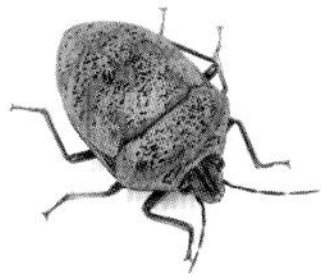

雖然會產生臭味，但看在牠長得這麼美麗的的份上請忍耐一下。夏天時常見於燈臺樹等植物。死掉之後顏色會褪掉。

大青雪隱金龜 ······ 22頁

甲蟲的同類 體長：16～22公釐

雪隱在日文裡是廁所的意思，因為牠們吃動物大便，所以有了這個有趣的名字。

沖繩金盾背椿象 ······ 22頁

蟬、椿象的同類 體長：大約11公釐

只住在日本沖繩縣（如宮古島）、有金屬光澤的美麗椿象。牠們會產生臭味，所以沒辦法做成胸針或飾品。

細虹艷擬步行蟲 ······ 22頁

甲蟲的同類 體長：10～12公釐

名字的意思是「細長、有著彩虹顏色、很像步行蟲的蟲」。名字中有「擬」或「偽」，就代表很像別種昆蟲的意思哦！

上海青蜂 ······ 22頁

蜜蜂、螞蟻的同類 體長：12～13公釐

上海青蜂雌蟲會在黃刺蛾的繭上產卵，幼蟲孵化後就以黃刺蛾為食。牠們也會出現在城市裡，但不容易被發現。

遼楊捲葉鋸齒象鼻蟲 ······ 23頁

甲蟲的同類 體長：5～7公釐

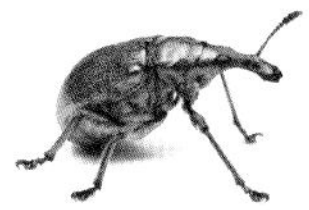

遼楊捲葉鋸齒象鼻蟲會將葉子捲起來，所以才有捲葉這個名字。常見於遼楊這種植物上，所以名字裡也有遼楊。

彩虹吉丁蟲 ······ 23頁

甲蟲的同類 體長：25～40公釐

閃亮亮的體色看起來像寶石，美麗到看起來不像生物，任誰第一次看到牠活生生的樣子都會很感動。

琉璃粗腿金花蟲 ······ 23頁

甲蟲的同類 體長：15～20公釐

從東南亞移入、分布於日本三重縣的蟲。雖然是不應該出現在日本的昆蟲，但是越看越美麗。

艷金龜 ······ 23頁

甲蟲的同類 體長：17～24公釐

常見於路邊花圃的大葛藤上。牠們不太會移動，所以很容易觀察。有些地區（如日本）俗稱牠們為德國蟑螂。

紅背豔猿金花蟲 ······ 23頁

甲蟲的同類 體長：5～8公釐

可以在葡萄上發現。看到牠們像寶石般美麗的身影，會讓人開心得心跳加速，但是若不悄悄接近、被牠發現的話，牠會掉下樹逃走。

※常見時期、季節以日本關東地區的平原為準。

日本榿翠灰蝶 ……………………………… 23頁

蝴蝶、蛾的同類 展翅：大約30～40公釐

雄蟲

常見於臺灣赤楊林的美麗蝴蝶。被選為日本埼玉縣的縣蝶。在黃昏活動，所以通常看不太到牠們的美麗翅膀。

綠帶翠鳳蝶 ……………………………… 23頁

蝴蝶、蛾的同類 展翅：80～130公釐

雄蟲

點綴著藍色和綠色鱗粉的翅膀非常美麗。用放大鏡看鱗粉，就像是在看星空一樣不可思議的美麗。

大將椰象鼻蟲 ……………………………24、25頁

甲蟲的同類 體長：大約80公釐

國外的蟲，照片是在馬來西亞拍到的。腳的力氣很大，爪子又銳利，好像是在說：「用手抓的話會受傷哦！」

大褐象鼻蟲 ……………………………… 25頁

甲蟲的同類 體長：12～29公釐

臉的一部分像象鼻一樣長，所以叫做「象」鼻蟲。在獨角仙吸食樹液的樹幹上，也能看到牠。

暗黃長腳蜂 ……………………………… 26頁

蜜蜂、螞蟻的同類 體長：20～26公釐（女王蜂）
20～23公釐（工蜂）

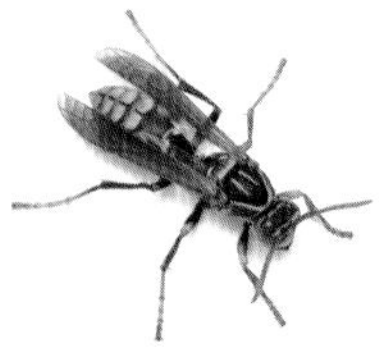

飛行時後腳垂著看起來很長，其實並沒有特別長。

螻蛄 ……………………………………… 27頁

蟋蟀的同類 體長：30～35公釐

螻蛄很會挖地洞，住在地底。雖然是穴居的生活型態，其實牠會飛行也很會游泳，是個多才多藝的運動健將。

脛狹螢金花蟲 ……………………………30、38頁

甲蟲的同類 體長：大約8公釐

會把朴樹樹葉全部吃光，所以很令人討厭，但是仔細看看牠的長相，不覺得很帥氣嗎？

無紋異腹胡蜂 ……………………………… 30頁

蜜蜂、螞蟻的同類 體長：大約19公釐（女王蜂）
15～18公釐（工蜂）

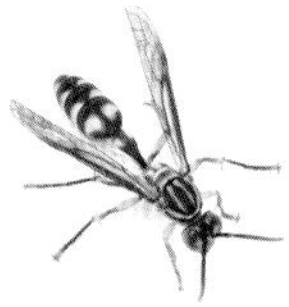

無紋異腹胡蜂是小型的胡蜂，照片上的腳看起來並沒有特別長，回頭看看暗黃長腳蜂的介紹就知道原因嘍！

大透翅天蛾 ……………………………… 30頁

蝴蝶、蛾的同類 展翅：50～70公釐

雖然是蛾，但翅膀上沒有鱗粉。透明翅膀在花間來回飛舞的身影很像蜜蜂。說不定鳥也會怕牠呢！

日本螳蛉 ……………………………30、40、41頁

草蛉的同類 展翅：20～30公釐

長得很像螳螂，所以叫做「螳」蛉，體型很小，但會像螳螂一樣，用鐮刀般的前腳迅速捕食獵物。

日本羚椿象 ……………………………… 30頁

蟬、椿象的同類 體長：8～9公釐

胸部兩側有像羚羊角的突起，所以叫做日本羚椿象。雖然是很帥的蟲，可是體型太小了，無法成為眾所矚目的巨星。

石蠶蛾 ……………………………………… 30頁

石蠶蛾類 體長：18～25公釐

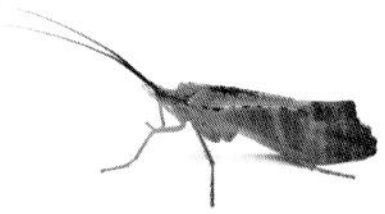

食蠶蛾是和蝴蝶、蛾接近的同類。幼蟲在水中生活，會用落葉纏在一起做巢並躲在裡面。

舞毒蛾 ……………………………………… 31頁

蝴蝶、蛾的同類 展翅：大約48公釐（雄蟲）
大約77公釐（雌蟲）

雄蟲

本書介紹的是舞毒蛾雄蟲。雌蟲是白色的，而且體型大很多。雄蟲的氣派觸角是用來聞出雌蟲味道、尋找新娘的。

蘭花螳螂 ……………………………………… 31頁

螳螂的同類 體長：大約50公釐（雌蟲若蟲）
大約80公釐（雌蟲成蟲）

雌蟲若蟲　雌蟲成蟲

國外的蟲，照片是在馬來西亞拍到的。牠們扮成花，等待昆蟲接近再捕食。成蟲之後就和花長得不太像了。

獨角仙 ……………………………………… 31頁

甲蟲的同類 體長：27～75公釐（雄蟲，包含角）
35～48公釐（雌蟲）

雄蟲

廣受大家喜愛的帥氣昆蟲。夏天時會聚會在麻櫟和短柄枹櫟的樹幹上吸食樹液。雄蟲和鍬形蟲一樣有領域性。

斐豹蛺蝶 ……………………………………… 31頁

蝴蝶、蛾的同類 展翅：60～70公釐

雌蟲

只有雌蟲的翅端尖端是黑色。咦？這麼一來，好像不能把牠放入「美男子」的名單？

紋鬚同緣椿象 ………………………………… 31頁

蟬、椿象的同類 體長：17～21公釐

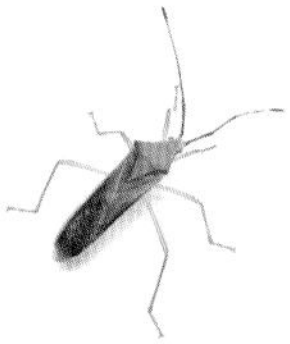

椿象會發出臭味，所以常被討厭，但是也有人覺得牠的味道像是青蘋果而很喜歡牠。要聞聞看嗎？

大小的測量 體長：身體的長度　展翅：翅膀張開後的寬度

深山鍬形蟲 ……………………………… 32頁

甲蟲的同類 體長：30～79公釐（雄蟲）
25～45公釐（雌蟲）

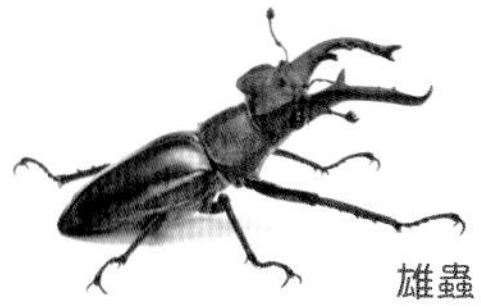

雄蟲

住在山上等涼爽地方的鍬形蟲。看起來帥氣的同時又有點張牙舞爪，但是各位不覺得牠的正面意外的可愛嗎？

青蛾蠟蟬 ……………………………… 32頁

蟬、椿象的同類 體長：9～11公釐

擁有看來文靜的臉。常可看到牠們在樹枝上排排站，附近若有長著蓬鬆絨毛的白色昆蟲，通常是牠們的幼蟲。

日本粉吹金龜 ……………………………… 32頁

甲蟲的同類 體長：24～32公釐

雄蟲

日本粉吹金龜是很大很氣派的金龜子，只有雄蟲的觸鬚（觸角）像可愛的蝴蝶結。

廣翅蠟蟬 ……………………………… 32頁

蟬、椿象的同類 體長：9～11公釐（包含翅膀）

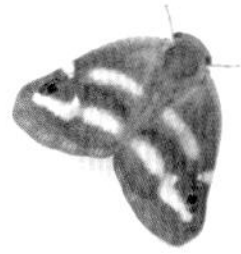

很像被打扁的蟬的蟲。常見於大葛藤茂密處。平常的移動速度很慢，看似可以抓得到時……咻！一下就飛走了。

柿癬皮瘤蛾 ……………………………… 32頁

蝴蝶、蛾的同類 展翅：38～40公釐

看起來像樹皮，所以叫做皮瘤蛾。柿癬皮瘤蛾會在樹幹上停棲著越冬，是為了讓敵人看不到的策略。

長翅飛蝨 ……………………………… 33頁

蟬、椿象的同類 體長：大約4公釐（不含翅膀）

夏天常見於芒草上。像漫畫人物一樣滑稽的眼睛是賣點。體型很小，請用放大鏡觀察看看吧！

寬負蝗 ……………………………… 33、38、39頁

蚱蜢的同類 體長：22～25公釐（雄蟲）
40～42公釐（雌蟲）

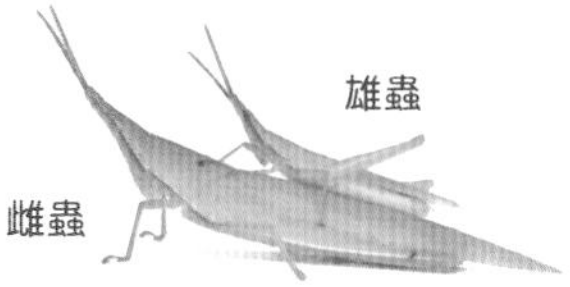

雄蟲 雌蟲

常見於庭院或草原。小隻的雄蟲被大隻的雌蟲背著，不是親子而是夫妻哦！除了綠色型，還有咖啡色和粉紅色型。

鈍肩普緣椿象 ……………………………… 33頁

蟬、椿象的同類 體長：14～17公釐

鈍肩普緣椿象身體的顏色很樸素，但平常看不到的腹部卻點綴著漂亮的鮮豔黃色，想想看這是為什麼呢？

白狹琵蟌 ……………………………… 33頁

蜻蜓、豆娘的同類 體長：38～51公釐

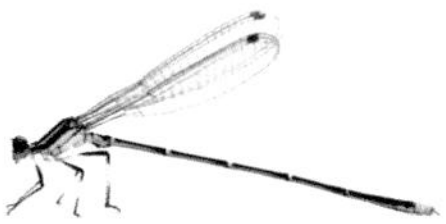

雄蟲

細長的身體上有著像刻度般的紋路，看起來像尺。棲息於森林裡的池塘附近。

長角象鼻蟲 ……………………………… 34頁

甲蟲的同類 體長：3～6公釐

雄蟲

夏天在蘭嶼野茉莉上找得到，通常是雌雄一起出現。臉看起來像牛，所以日文別名叫「牛顔鬚長象鼻蟲」。

倒鈎食蟲虻 ……………………………… 34頁

蒼蠅、蚊子的同類 體長：13～21公釐

雖然是和中華單羽食蟲虻（第35頁）接近的種類，但數量少很多。和中華單羽食蟲虻一樣，獵物靠近時會飛出來捕捉。

中華劍角蝗 ……………………………… 34頁

蚱蜢的同類 體長：40～50公釐（雄蟲）
75～80公釐（雌蟲）

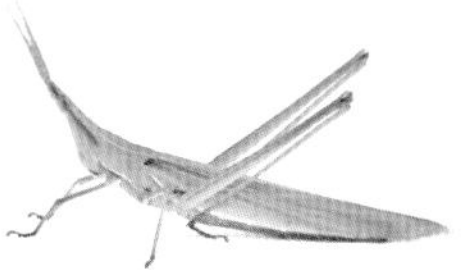

雌蟲

雌蟲和雄蟲的體型差異很驚人。有綠色型和咖啡色型。

櫛大蚊 ……………………………… 34頁

蒼蠅、蚊子的同類 體長：大約15公釐

雌蟲

除了櫛大蚊之外，大蚊們大多有著樸素的顏色，並不顯眼。帥氣的顏色是在模仿蜜蜂吧？

晴山棘腳螽 ……………………………… 34、35頁

蚱蜢的同類 體長：35～40公釐（包含翅膀）

雄蟲

夏天時常發出「嘶咿——啾、嘶咿——啾」的聲音。是雄蟲在唱著：「在某處聽到這個聲音的晴山棘腳螽雌蟲啊！願意嫁給我嗎？」

中華單羽食蟲虻 ……………………………… 35頁

蒼蠅、蚊子的同類 體長：20～29公釐

有一對視力很好的綠色大眼睛。身體強壯、飛行快速，看到獵物時會用靈活有力足夾住獵物，是昆蟲界的厲害殺手。

※常見時期、季節以日本關東地區的平原為準。

短肛竹節蟲 ……35頁

竹節蟲的同類 體長：74～100公釐

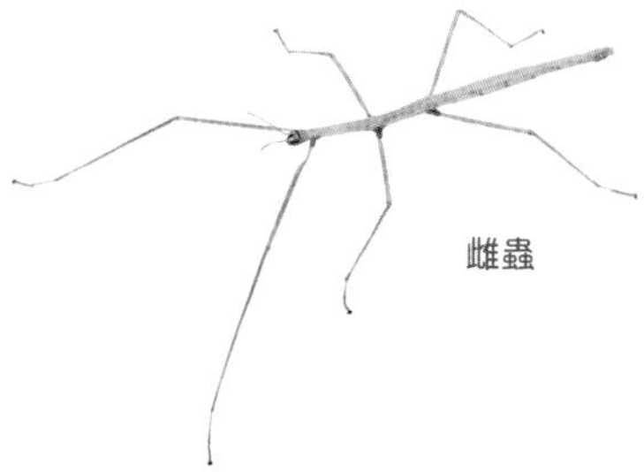

雌蟲

很像細細的樹枝，停在樹上時不太容易被發現。明明停在樹上就能好好躲藏，卻很常看到牠們大剌剌的站在牆壁上。

仰泳椿 ……35頁

蟬、椿象的同類 體長：11～14公釐

通常是在靠近水面處游著腹部朝天的仰式，但在飛行前會翻回正面。在第35頁就是這樣的景象。

白帶旗竿角蟬 ……35頁

蟬、椿象的同類 體長：大約6公釐

雄蟲

國外的蟲，照片是在馬來西亞拍到的。臺灣也有角蟬，不過沒有長相這麼不可思議的種類。

藍目天蛾 ……36、40頁

蝴蝶、蛾的同類 展翅：70～110公釐

藍目天蛾受驚嚇時會展開後翅，露出像大眼睛的花紋。想吃牠的鳥會被嚇一跳，就不敢吃了吧？

黃臉眉紋蟋蟀 ……36頁

蟋蟀的同類 體長：25～30公釐

臉長得像閻羅王一樣恐怖，所以也被稱為「閻魔蟋蟀」。平常會躲在草叢、石縫或枯葉底層，不容易找到。

長臂扁喙象鼻蟲 ……36、48～51頁

甲蟲的同類 體長：6～9公釐

雄蟲

雌蟲

受到驚嚇時腳會縮起來，並跌下樹裝死，敵人離開後，會偷偷的像跳機器人舞般慢慢活動。常見於腐朽的朴樹中。

狄氏大田鼈 ……36頁

蟬、椿象的同類 體長：48～65公釐

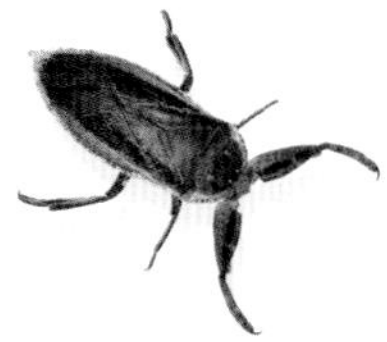

狄氏大田鼈是大型的水棲昆蟲，強壯的前腳甚至可以捕捉青蛙或魚，再把牠們的體液吸光。

日本蠍蛉 ……36、37頁

蠍蛉的同類 體長：13～20公釐

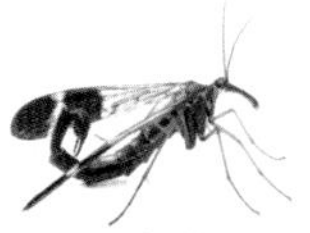

雄蟲

雄蟲會送雌蟲結婚禮物（但也有可能被拒絕）。雄蟲尾部有捲起的構造，很特別。

麝香曙鳳蝶 ……37頁

蝴蝶、蛾的同類 展翅：75～100公釐

雄蟲

雄蟲的身上有麝香的味道，所以名字裡有麝香。體內有毒，所以鳥類吃了會覺得很難吃。

島嶼鋸天牛 ……37頁

甲蟲的同類 體長：23～48公釐

有著氣派的觸鬚（觸角）、黑色金屬光澤的帥氣昆蟲。牠們住在森林裡，常見於樹幹上。被抓到時會發出「唧——唧——」的叫聲。

對馬鋸鍬形蟲 ……37頁

甲蟲的同類 體長：26～75公釐（雄蟲）
19～41公釐（雌蟲）

雄蟲

牠們和獨角仙打架的樣子很帥，但通常都不會贏。不過還是有很多人喜歡對馬鋸鍬形蟲英勇的樣子。

長毛食蟲虻 ……38、39頁

蒼蠅、蚊子的同類 體長：15～26公釐

在葉子上埋伏著，有昆蟲靠近就飛起來抓住獵物，是和長相一樣恐怖的殺手。幼蟲住在枯木裡。

遠東褐枯葉蛾 ……40頁

蝴蝶、蛾的同類 展翅：48～72公釐

很像枯葉的枯葉蛾。如果在秋天出現就可以藏身於落葉中，但我出現在夏天，反而變顯眼了……誰能告訴我為什麼？

黑鳳蝶 ……41頁

蝴蝶、蛾的同類 體長：大約55公釐（幼蟲）
展翅：80～110公釐（成蟲）

幼蟲

成蟲

幼蟲頭部藏著味道很臭的紅色臭角，會把臭角伸出來恐嚇敵人。在橘子樹和胡椒木上可以找到很多幼蟲哦！

大小的測量 體長：身體的長度 展翅：翅膀張開後的寬度

櫟枝背舟蛾 ……………………………42、43頁

蝴蝶、蛾的同類 體長：大約45公釐（幼蟲）
展翅：50～55公釐（成蟲）

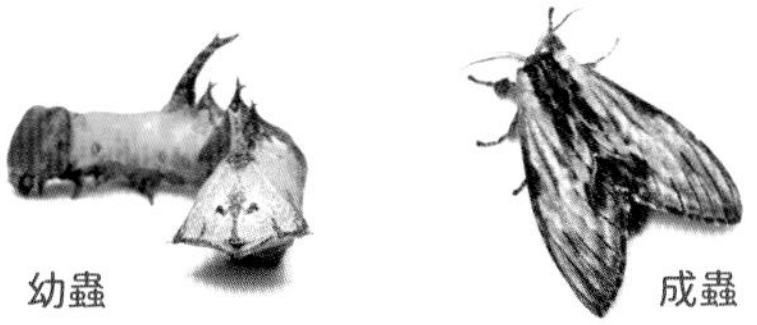

幼蟲　成蟲

可以在茅栗和麻櫟上看到大量的櫟枝背舟蛾幼蟲。總是舉著有「笑臉花紋」的屁股，是想和誰炫耀呢？

白粉蝶 ……………………………44、45頁

蝴蝶、蛾的同類 體長：40～50公釐（幼蟲）
展翅：45～50公釐（成蟲）

幼蟲　成蟲

幼蟲很愛吃高麗菜，大便裡只有高麗菜葉的殘渣，聞起來完全沒有臭味哦！

斜綠天蛾 ……………………………45頁

蝴蝶、蛾的同類 體長：大約65公釐（幼蟲）
展翅：60～80公釐（成蟲）

幼蟲　成蟲

幼蟲常見於蘭嶼姑婆芋或芋上，看起來像大眼睛的只是花紋而已。

擬斑脈蛺蝶 ……………………………45頁

蝴蝶、蛾的同類 體長：大約39公釐（幼蟲）
展翅：60～85公釐（成蟲）

幼蟲　成蟲

幼蟲常聚集於朴樹上。成蟲常聚集於麻櫟上吸食樹液。

彩艷白斑蟻蛉 ……………………………46、47頁

草蛉的同類 體長：大約12公釐（幼蟲）
展翅：75～90公釐（成蟲）

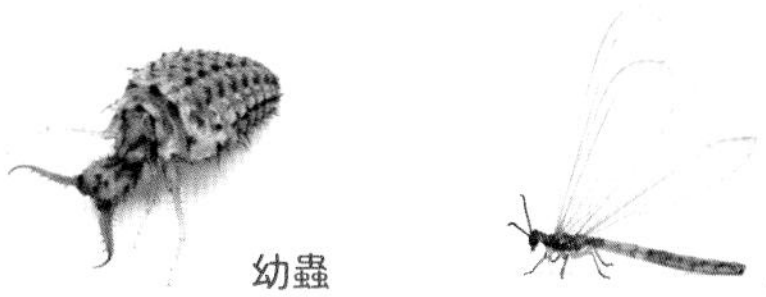

幼蟲　成蟲

蟻蛉的幼蟲叫做蟻獅。牠們會在沙土上挖洞穴，吸食不慎落下的螞蟻等生物的體液。成蟲在夏天出現，晚上也會飛到窗邊。

橫紋划椿 ……………………………52、53頁

蟬、椿象的同類 體長：4～6公釐

暱稱是「氣球蟲」，為什麼叫做氣球蟲呢？請看下方的「原理解說」，就會知道嘍！

草螽 ……………………………蝴蝶頁

蚱蜢的同類 體長：55～65公釐（包含翅膀）

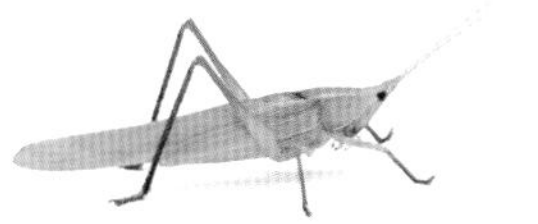

草螽以成蟲越冬，到了春天晚上可以聽到牠們「嗶嗶——」的叫聲。通常是綠色型和咖啡色型，有時也有粉紅色的草螽，但嘴巴附近都是紅色的。

爪哇光額螽 ……………………………蝴蝶頁

蚱蜢的同類 體長：52公釐（包含翅膀）

以成蟲越冬，春天晚上會發出「吱——」的鳴叫。和草螽的咖啡色型很像，但爪哇光額螽的嘴巴附近是黑色，可用來區分。

搭乘魔毯在水中遨翔吧！（第52、53頁）原理解說

在特製水池中登場的，是棲息在水中的橫紋划椿。在小小的杯子裡，為觀眾展現美妙的水中芭蕾。

橫紋划椿把空氣儲存在身上，所以在水下也能呼吸。但是如果不抓著什麼的話，身體就會從水底浮起來。

把色紙碎片丟進杯子裡試試看。

有東西可抓的橫紋划椿雖然站上了碎紙片，但紙片很輕，所以帶著橫紋划椿一起往上浮。

浮上水面後，橫紋划椿把紙片丟掉，再度往下潛，忙著尋找可以抓的東西。

這樣不斷的重複，就是水中芭蕾的祕密，看起來很像一直往上飄的氣球吧？

※常見時期、季節以日本關東地區的平原為準。

辛苦了！

大家喜歡昆蟲們的表演嗎？昆蟲和人意外的相似，具有各種性格，大意的話表現會失常，有時候還會吵架，大便的方式也很有趣。如果可以體會昆蟲的心情，說不定就能和牠們一起度過快樂時光。最後想說，謝謝你們欣賞昆蟲的演出，大家辛苦了，出場的昆蟲們也辛苦了！

攝影・文字／森上信夫

1962年出生於日本埼玉縣。立教大學畢業。昆蟲攝影師。從本來單純把昆蟲當偶像的少年，拿起相機後變成昆蟲「追星族」，直到現在。1996年以《花枝招展競賽——昆蟲的腹部》一書獲得第13屆ANIMA賞。《吸引昆蟲家》、《與昆蟲合照》、《樹液誘引昆蟲手冊》、《隨處可見昆蟲的命名百科》、《查查看名字的祕密昆蟲圖鑑》等多本著作。日本昆蟲協會、埼玉昆蟲談話會會員。

昆蟲攝影師・森上信夫的心動部落格

http://moriuenobuo.blog.fc2.com/

翻譯／黃悠然

1992年出生於臺灣臺北。臺大昆蟲系畢業，目前就讀於日本九州大學地球社會統合科學府博士班，專攻寄生蠅分類。為2016年臺灣昆蟲期刊《臺灣蛙蠅——紫絳蠅（雙翅目：麗蠅科）形態重新描述與族群數量波動調查》一文之通訊作者。

●繪圖 熊本奈津子

●設計 Nishi 工藝株式會社（西山克之）

●協助（依首字筆畫排列）

丸山宗利、井上惠子、中瀨潤、田悟敏弘、阪本優介、長畑直和、河野宏和、飯森政宏、新開孝、鷲大淇

國家圖書館出版品預行編目(CIP)資料

小昆蟲大舞臺　獨特觀察角度的昆蟲圖鑑 / 森上信夫攝影、文字 / 黃悠然翻譯. -- 初版. -- 新北市 : 小熊出版 : 遠足文化發行, 2019.06

60面 ; 24.2×24.2公分. -- (閱讀與探索)

ISBN 978-957-8640-97-9(精裝)

1.昆蟲 2.通俗作品

387.7　　108008188

閱讀與探索

小昆蟲大舞臺　獨特觀察角度的昆蟲圖鑑

攝影・文字／森上信夫　翻譯／黃悠然

總編輯：鄭如瑤｜副總編輯：劉蕙｜責任編輯：劉子韻｜美術編輯：李鴻怡

行銷主任：塗幸儀｜社長：郭重興｜發行人兼出版總監：曾大福

業務平臺總經理：李雪麗｜業務平臺副總經理：李復民｜實體通路協理：林詩富

網路暨海外通路協理：張鑫峰｜特販通路協理：陳綺瑩｜印務經理：黃禮賢

出版與發行：小熊出版・遠足文化事業股份有限公司

地址：231 新北市新店區民權路108-2號9樓｜電話：02-22181417｜傳真：02-86671851

劃撥帳號：19504465｜戶名：遠足文化事業股份有限公司｜客服專線：0800-221029

E-mail：littlebear@bookrep.com.tw｜Facebook：小熊出版

讀書共和國出版集團網路書店：http://www.bookrep.com.tw

法律顧問：華洋國際專利商標事務所／蘇文生律師｜印製：凱林彩印股份有限公司

初版一刷：2019年6月｜定價：380元｜ISBN：978-957-8640-97-9

小熊出版讀者回函　小熊出版官方網頁

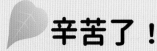

再見！

你知道
牠是誰嗎？
答案在59頁

我也是草螽……
咦？右邊的你是
哪位？

小昆蟲大舞臺有趣嗎？
我是草螽三重奏的
草螽，請多指教！

啊！
被抓包了。